TAUBE
DEUTSCHE EISENBAHNGESCHÜTZE

DEUTSCHE
EISENBAHNGESCHÜTZE

Gerhard Taube

Motor buch Verlag spezial

Umschlaggestaltung: Frank Zähringer unter Verwendung zweier gemeinfreier Bildmotive (oben: 245-mm-Eisenbahngeschütz; unten: Amiens gun in Canberra by Allan Green).

Bildnachweis:
Gerhard Taube und Imperial War Museum

ISBN: 978-3-613-03975-9

Spezialausgabe: 1. Auflage 2017

Satz + Reproduktionen: Gold Rose Publishing Ltd., 70190 Stuttgart
Druck und Bindung: Conzella Verlagsbuchbinderei, 85609 Aschheim
Printed in Germany

Inhalt

Vorwort

Im Jahr 1979 erschien im Motorbuch-Verlag die erste und bislang einzige Dokumentation in Buchform über das größte Geschütz aller Zeiten, die 80-cm-Eisenbahnkanone »Dora«. Schon bald nach Erscheinen dieser Monographie der einstigen Geheim- und vermeintlichen Wunderwaffe erhielten Autor und Verlag zahlreiche Zuschriften aus dem Leserkreis. Aus ihnen spricht das ungewöhnlich große Interesse an der »Dora« ganz allgemein und der Konstruktion im besonderen. Mehr noch als das militärische Umfeld und die taktischen Belange, die im ersten Buch einen breiten Raum einnahmen, interessieren eindeutig waffen- und eisenbahntechnische Details, vornehmlich der Zusammenbau des 1350 Tonnen schweren Geschützes in der Feuerstellung. Diese Tatsache und das Entdecken seltener Bilddokumente veranlaßten den Verlag, ein völlig neues Buch zu veröffentlichen. Im Mittelpunkt desselben steht zwar die »Dora«, darüber hinaus wird aber auch der deutschen Eisenbahnartillerie und ihrem Geschützpark ein gebührender Platz eingeräumt. Abläufe des militärischen Geschehens an der Front bleiben auf die wichtigsten Aspekte beschränkt. Am Beispiel exponenter Geschütze werden vorrangig ballistische Probleme und ihre Lösungen, die so wichtige Munitionsentwicklung und gleisbautechnische Besonderheiten sowie spezifische Einrichtungen von Eisenbahnkanonen angesprochen. Erst kürzlich aufgefundenes Bildmaterial, bislang weitgehend unbekannt, aus Nachlässen ehemaliger Krupp-Geschützbauer sowie ausländischen Archiven, finden sich in diesem Buch und dürften kaum noch Fragen offen lassen.

Die nur rund dreißigjährige Geschichte der deutschen Eisenbahnartillerie ist geprägt von außergewöhnlichen Forderungen der politischen wie militärischen Führung an die Industrie einerseits und den staunenswerten Resultaten der Geschützbauer andererseits. Eisenbahnkanonen, ohnehin waffentechnische Spitzenkonstruktionen, kamen in ihren ausgereiften Formen zu einer Zeit zum Einsatz, als die Luftwaffe längst deren Rolle, nämlich die des Fernkampfes, übernommen hatte. Das freilich war den Ingenieuren und Technikern nicht anzulasten. Von ihren »Schöpfungen« als solchen, Zeugnisse einer untergegangenen Waffengattung, geht noch heutzutage eine eigentümliche Faszination aus, die mit Waffenfetischismus nichts zu tun hat.

Das nach wie vor rege Interesse an diesem Werk war uns Veranlassung, den Titel im Rahmen unseres Programms Spezialausgaben erneut herauszugeben.

Stuttgart, 2017

Entstehungsgeschichte

In Europa verwirklichte vor allem Frankreich die Idee der eisenbahngestützten schweren Artillerie bereits mit dem Ausbreiten des schienengebundenen Verkehrs. Das vergleichsweise enge Schienennetz in Deutschland (1914 besaß es ein Streckennetz von 61 404 km; 1939 eines von 77 957 km) wäre eine geeignete Grundlage für schweres Flachbahnfeuer in Eisenbahnlafette gewesen. Doch besaß das deutsche Heer bei Ausbruch des Ersten Weltkrieges keine Waffen dieser Art. Die leistungsfähigsten Geschütze der Landarmee schossen allenfalls 15 km weit. Die damals neue 38-cm-Kanone der Linienschiffe hingegen erzielte Schußweiten von maximal 28 km.

Als der Bewegungskrieg in den berüchtigten zermürbenden Stellungskrieg überging und die Fronten erstarrten, wurde der Ruf nach schwerer weittragender Artillerie immer stärker, zumal der Gegner mit seinen schweren Marinerohren in Eisenbahnlafetten eine spürbare Überlegenheit besaß. Die Oberste Heeresleitung (OHL) setzte nun alles daran, jenen Vorteil der Franzosen wettzumachen.

Rückgriff auf Marinerohre: Deutsches Linienschiff im Gefecht (1916).

Wegen der plötzlichen Dringlichkeit griffen die Deutschen auf bereits vorhandene großkalibrige Rohre der Schiffs- und Küstenartillerie zurück. Die ersten Marinerohre der Kaliber 21, 24, 35,5 und 38 cm kamen ab 1915 als ortsfeste Bettungsgeschütze (B) an die Front. Ihre Beweglichkeit blieb naturgemäß gering, der Bau zerlegbarer Eisen- oder fester Betonbettung beanspruchte, je nach Größe, zwei bis sechs Wochen. Solche zeitraubenden und auffälligen Vorbereitungen blieben einem wachsamen Gegner selten verborgen und zogen sofort planmäßiges Vernichtungsfeuer auf sich.

Die ab 1916 an die Front rollenden ersten deutschen Eisenbahngeschütze (E) galten denn auch als Fortschritt. Die nunmehr mobilen Marinerohre vermochten relativ schnell das Feuer zu eröffnen und ebenso zügig die Stellung zu wechseln oder zu räumen. Die ersten eingesetzten Eisenbahn-Batterien im Kaliber 24 cm führten bereits Sonderzüge für Personal, Munition, Zubehör, Instandsetzung und sonstiges Gerät mit sich. Die Schußweiten betrugen rund 19 km (für »Theodor-Otto«) und 26,5 km (für »Theodor-Karl«). Das Seitenrichten der Rohre in Eisenbahnlafette blieb auf 1 bis 2 Grad beschränkt. Deshalb mußten die E-Geschütze mit ihrer Längsmittellinie erst in Zielrichtung gestellt werden. Das geschah entweder auf eingleisigen Schießkurven oder mehrgleisigen Geschützkurven (Eisenbahnklauen). Derartige Anlagen konnten aus der Luft leicht als solche erkannt werden und bildeten dann regelmäßig Hauptziele für Flieger und/oder Artillerie. Nicht in allen Fällen konnten sich die E-Batterien durch Tarnung einer Aufklärung entziehen – ein Handikap dieser Waffe von Anbeginn.

38-cm-Rohr in Eisenbahnlafette (»Langer Max«).

Ende 1917 begann die deutsche E-Artillerie mit dem Zuführen transportabler und zerlegbarer Schwenkbahnbettungen (etwa vergleichbar mit den zivilen Lokomotiv-Drehscheiben). Sie machten den verräterischen Schießkurven-Betrieb entbehrlich, waren meistens innerhalb eines Tages montiert und erlaubten den E-Geschützen erstmals ein Schwenken um 360 Grad. Als nachteilig erwies sich freilich oft der Umstand, daß der Gleiszustand des öffentlichen Netzes eine zu starke Belastung (Ausnutzung der größtmöglichen Schußweite) gar nicht zuließ. Solche Beeinträchtigungen führten zur Entwicklung der Eisenbahn-Bettungsgeschütze (EB), die beide Formen vereinten: Je nach Bedarf beziehungsweise den Gegebenheiten feuerten EB-Kanonen von ortsfester Bettung oder von wechselnden Positionen auf den Gleisen. Ein Instellunggehen oder Räumen der Feuerstellung dauerte nur zwei bis drei Stunden.
Die ab Sommer 1917 der Truppe zugeführten 28-cm-»Bruno«-Rohre stellten ausnahmslos EB-Formen dar. Auch das damals schwerste Flachfeuer (38 cm/»Max« bzw. »Langer Max«) war als EB-Geschütz ausgelegt. Das Absetzen von der E-Lafette auf die feste Bettung und umgekehrt das Aufsetzen erfolgte mit Kränen, die im Geschützzug mitgeführt wurden.
Mit der ständigen Modernisierung der Geschütze einher gingen die Weiterentwicklungen auf dem Munitionssektor. Die Arbeiten hatten fast alle das Ziel, zu größeren Schußweiten zu gelagen, wie sie die OHL immer wieder forderte.

»Langer Max« als Bettungsgeschütz.

Detailaufnahme vom 38-cm-Geschütz (»Langer Max«).

Im Grunde recht simple Kniffe und Verfahren führten zu eindrucksvollen Ergebnissen. Allein das Aufschrauben von luftwiderstandsarmen spitzen Stahlblechhauben auf die Geschosse erbrachte um bis zu acht km vergrößerte Schußweiten.

Bevorzugte Ziele der E-Artillerie im Ersten Weltkrieg waren feindliche Fernkampfbatterien, Verkehrsknotenpunkte, Bahnhöfe, Munitionslager, Depots, Flugplätze, Truppenansammlungen, Anmarschwege, Bereitstellungsräume und Quartiere leitender Stäbe.

Sofern es die Gleisführungen zuließen, verfolgte man überdies den weichenden Gegner über längere Zeit hinweg. Vor allem in den Durchbruchsschlachten konnten E-Batterien verhältnismäßig rasch vorgezogen werden. Die im Laufe des Krieges wachsende Zahl der E-Batterien, sich steigernde Schußweiten bis zu 35 km, rechtzeitige Bereitstellung genügender Munitionsvorräte sowie die allgemeine Verfeinerung der Schießtechnik und eine perfekte Organisation in Verbindung mit taktisch klugen Einsätzen ließen die E-Artillerie zu jener Zeit zu einer wichtigen Waffe werden. Noch überwogen die Vorteile. Die Bedeutung von E- und EB-Batterien unterstreicht die Tatsache, daß diesen für Erkundung, Überwachung, Beobachtung und Vorbereitung eigene Fliegerabteilungen mit Schutzstaffeln, Fesselballone, Erdbeobachter und Artillerie-Meßtrupps zugeteilt wurden.

Nach Urteil führender Stabsoffiziere für schwerstes Flachfeuer hatte die Führung in den E-Geschützen »eine ungemein wichtige, schnell und sicher zu verwendende *Kampf*artillerie gewonnen, deren überlegene wuchtige Wirkung bei Abwehr und Angriff, in allen bedrohlichen und Entscheidung heischenden Lagen nicht mehr entbehrt werden konnte«.

Freilich gab es auch Kritik. Sie zielte im wesentlichen auf Nachteile wie die Abhängigkeit von vorbestimmten Strekken, die den Einsatz erheblich einschränkten. Das öffentliche Netz mit seinen Knotenpunkten, Brücken, Viadukten, Tunneln und Hügeleinschnitten würde angesichts der Fliegerentwicklung zu viele verwundbare Stellen bieten.

Wie auch immer, die waffentechnische und taktische Idee blieb auch nach dem Krieg lebendig. Die »schlagkräftigen« Argumente der Befürworter von E-Geschützen: Sie bilden eine sehr mobile Reserve schwersten Flachfeuers für das Heer. Ihre Rolle als Fernkampfartillerie zur Schwerpunktbildung ist trotz Luftwaffe unentbehrlich. Großkalibrige Rohre können an exponierten Stellen bereitgehalten und im Bedarfsfall sehr schnell zur Unterstützung, zum Beispiel der Küstenartillerie, herangezogen werden. Dem Mangel an beweglichen Geschützen für schweres Flachbahnfeuer ist nur durch E-Geschütze zu begegnen.

Hitler und sein Heereswaffenamt machten sich diese Argumente voll zu eigen. Sie fanden ihren handfesten Niederschlag im sogenannten »Sofort-Programm« von 1936. Es sah vor, innerhalb von drei Jahren eine schlagkräftige eisenbahngestützte Artillerie aus ehemaligen Marinerohren zu schaffen.

Im »Vorschlag für den Aufbau der schwersten Artillerie« des Allgemeinen Heeresamtes (Geheime Kommandosache) vom 15. Juni 1936 heißt es unter anderem: »Vom Sommer 1938 ab werden die ausgebildeten Stämme jähr-

28-cm-Eisenbahn-Bettungskanone (Feuerstellung bei Lille 1918).

Weiterentwicklungen auf dem Munitionssektor: Stahlblechhauben zwecks größerer Schußweiten (Original-Krupp-Zeichnung).

15 cm Haubengranate 16

24 cm Haubengranate L/4,8

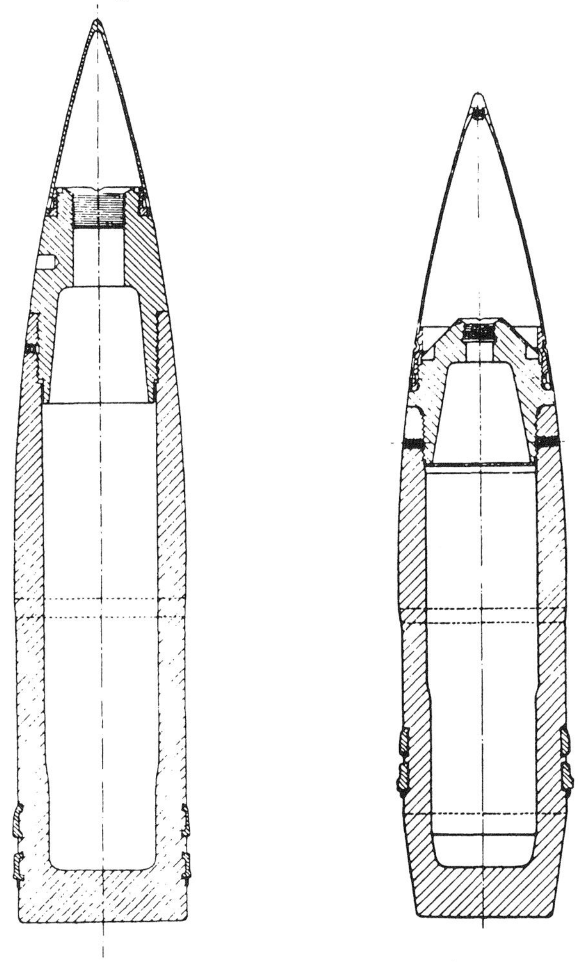

G = 51,750 kg
g Sprengladung Fp. 60/40 = 9,7%

G = 180 kg
17,7 kg Sprengladung Fp. 02 = 9,75%

Seitenrichtmöglichkeiten für Eisenbahngeschütze (Schema).

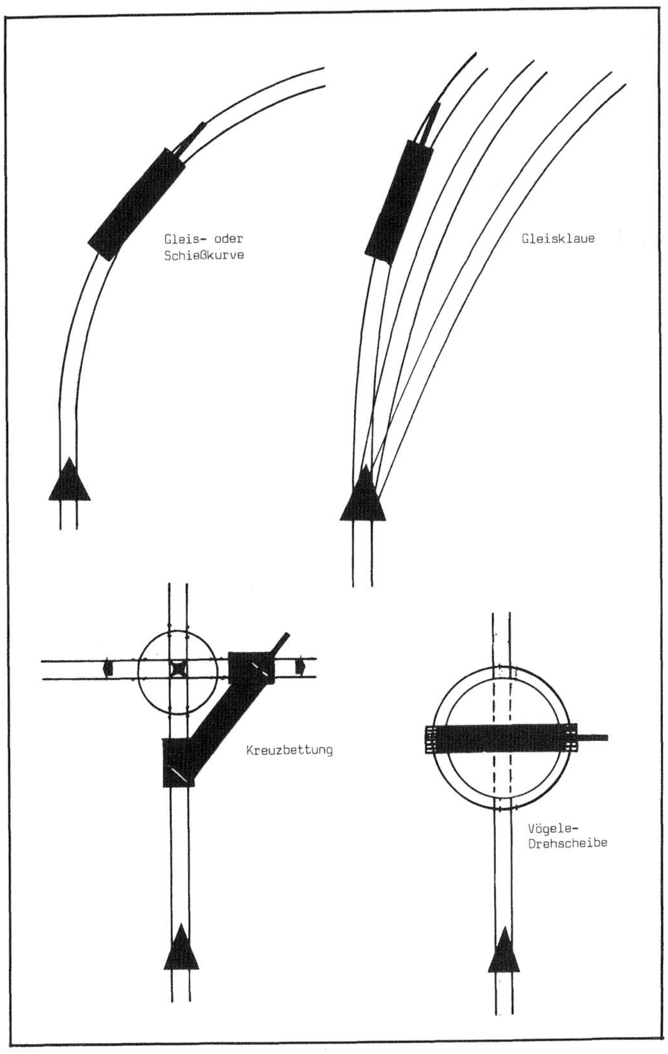

lich durch Sonderbefehl des OKH nach dem Küsten-Schießplatz Rügenwalde verlegt (ohne Geschütze). Dort erfolgt Ausbildung an Übungsgeschützen im feldmäßigen Einsatz, Gleisbau und Scharfschießen ... Die Bedienungen sollen dadurch ihre Waffe im Feuer kennenlernen. Daneben sollen Erfahrungen im Schießen aus feldmäßiger Stellung (Gleisklaue und Bettung) gesammelt werden. Auf dem Schießplatz Rügenwalde wird von den Haupttypen je ein Übungsgeschütz abgestellt. Diese Geschütze treten im Mob.-Fall zu ihren Batterien. Die in den Zeugämtern stehenden Geschütze dürfen aus den Zeugämtern nicht herausgenommen werden. Etwa notwendig werdende Verschiebungen ordnet OKH an. Bei der Ausbildung ist streng darauf zu achten, daß nur an Plätzen innerhalb des Zeugamtes exerziert wird, auf denen jedes Zusehen Unberufener (auch Wehrmachtsangehöriger) ausgeschlossen ist.
Die Tatsache, daß Deutschland eine Eisenbahnartillerie aufbaut, muß geheim bleiben. Bei Kriegsspielen, Übungsreisen usw. der Truppe ist die Eisenbahnartillerie nicht zu nennen.«
Aus der gleichen Quelle sind die bereits im Jahr 1936 festgelegten Bezeichnungen ersichtlich: »Sämtliche Geschütze der Eisenbahnartillerie besitzen Decknamen. Nur diese Decknamen dürfen im Schrift- und Sprachverkehr benutzt werden.

Es sind benannt:
K 5 = K 5 (E),
K 12 = K 12 (E),
15 cm KL/40 = 15 cm Kanone (E) = (15 cm Kan. E),
17 cm SKL/40 = 17 cm Kanone (E) = (17 cm Kan. E),
24 cm KL/35 = Theodor-Bruno Kanone (E) = (Th. Br. Kan. E.),
24 cm SKL/40 = Theodor Kanone (E) = (Th. Kan. E),
28 cm SKL/40 = Kurze Bruno Kanone (E) = (Br. Kan. E),
28 cm SKL/45 = Lange Bruno Kanone (E) = (lg. Br. Kan. E),
28 cm KST KL/45 = Schwere Bruno Kanone (E) = (s. Br. Kan. E).

Weitergabe dieser Decknamen darf nur von Fall zu Fall an die unmittelbar beteiligten Stellen erfolgen.
Die an den Eisenbahngeschützen ausgebildeten Offiziere und Beamten erhalten im Personalausweis, die Unteroffiziere und Mannschaften in der Verwendungskarte und im Wehrstammbuch einen Vermerk über ihre Sonderausbildung (Kennziffer!). Diese Leute sind von den Wehrbezirkskommandos in erster Linie für ihre Eisenbahnbatterien mob.-mäßig vorzusehen.
Befehle für die Mob.-Verwendung der Eisenbahngeschütze erhalten die aufstellenden Generalkommandos von OKH jeweils mit der Zuweisung der Geschütze.«
Die Geschütze des Sofort-Programms mußten naturgemäß Behelfe darstellen, weil wegen der Auswirkungen des Versailler Vertrages auch auf diesem Gebiet »von vorne« begonnen wurde.
Echte Neukonstruktionen brachte das Langzeit-Programm hervor. Die ersten Waffen aus diesem Beschaffungsvorhaben traten ab 1937/38 als Einsatzgeräte in Erscheinung. Neben zahlreichen technischen Verbesserungen wie zum Beispiel Lafetten-Unterbau, Hydraulik und Elektrik zeichnen sich die meisten Geschütze auch durch höhere Schußweiten aus, auf die das Oberkommando des Heeres (OKH) von Anfang an bestanden hatte.
Herausragende Vertreter des Langzeit-Programms waren die 21-cm-Kanone 12 (E), eine modifizierte Neuauflage des »Paris-Geschützes« des Ersten Weltkrieges; weiter die 28-cm-Kanone 5 (E), Standardgeschütz der deutschen E-Artillerie und die meistverwendete E-Kanone überhaupt, sowie die 38-cm-Kanone (E) »Siegfried«, das größte, noch »in einem Stück« zu fahrende E-Geschütz. Die »Siegfried« war ursprünglich keine Waffe des Langzeitprogramms.
Völlig außerhalb der genannten Programme rangierten die 80-cm-Kanonen (E) »Dora« und »Schwerer Gustav 2«, die schwersten jemals gebauten Geschütze der Welt. Dieses in jeder Beziehung beispiellose Artillerie-Sondergerät wurde auf persönlichen »Wunsch« Hitlers entwickelt, gebaut und eingesetzt (»Dora« = Sewastopol 1942).
Die deutschen E-Geschütze trugen die Typen-Bezeichnung »Dessart« (Deutsche schwerste Artillerie) und die Kennzeichnung »Deutsche Reichsbahn Berlin« mit einer sechsstelligen Zahl. Diese Kennzeichnung wies auf die Verantwortung der Reichsbahn für das rollende Wagenmaterial hin. Die Reichsbahn stellte auch das Lok- und Betriebspersonal.
Zum Standard-Zubehör der E-Batterien (ab 20 cm) gehörte die sogenannte »Vögele«-Drehscheibe, ein speziell für schwere E-Geschütze entwickeltes Instrument für das Rundumschießen. Das Geschütz wurde zunächst vom Zuführgleis auf den Schwenkträger der Drehscheibe geschoben und mit diesem fest verbunden. Der motorgetriebene Schwenkträger seinerseits bewegte sich mit sei-

nen rollenbewehrten Enden auf dem Gleisring.
1939 standen 34 deutsche E-Geschütze (15–28 cm) in 16 E-Batterien einsatzbereit. War der Geschützpark der Artillerie zu Beginn des Krieges noch klar und übersichtlich, so änderte sich die Situation im Verlauf des Krieges auf vielfältige und schließlich unübersichtliche Weise. Eine gewisse Ausnahme bildete, was die Unterstellungsverhältnisse anging, die zum schwersten Flachfeuer gehörende E-Artillerie. Ihre Abteilungen und Batterien unterstanden direkt den Heeres-Gruppen oder Armeen. Die eingeschützige Schwere Artillerie-Abteilung 672 (E) »Dora« war sogar direkt dem OKH unterstellt.

Bei Kriegsbeginn befanden sich jeweils
2 15-cm-Geschütze bei Batterie 655,
3 17-cm-Geschütze bei Batterie 717 und 718,
1 21-cm-Geschütz bei Batterie 701,
2 24-cm-Geschütze bei Batterie 664, 674, 722 und 721 (1 Gesch.),
3 28-cm-Geschütze bei Batterie 688 sowie
jeweils 2 Geschütze bei Batterie 689, 690, 694, 695, 696, 710, 712,
später kamen die Batterien 713, 749 und 765 hinzu.

Im Laufe des Krieges wurden die schweren E-Batterien 532, 685 und 687 aufgestellt (20,3 cm). Weiter die Batterien 691 und 726 mit 24- und 28-cm-Kanonen (Beute-Geschütze hier nicht berücksichtigt).
Die 80-cm-Kanone (E) »Dora« wurde nicht auf Batterie-, sondern auf Abteilungsebene eingesetzt.

E-Batterien bei Calais

Zur artilleristischen Unterstützung des Unternehmens »Seelöwe« (Besetzung Englands) errichteten die Deutschen an der französischen Kanalküste mehrere schwere Batterien. Später wurden diese in den entstehenden sogenannten Atlantik-Wall einbezogen. Vor allem im Raum Calais kamen überdies etliche E-Batterien zur Unterstützung der ortsfesten Rohre zum Einsatz. Es handelte sich vornehmlich um E-Geschütze aus der »Bruno«-Familie sowie um die »K 5« und »K 12«. Sie operierten entweder von Drehscheiben aus oder auch von großzügig installierten Schießkurven, die den Feuerstellungen vorgelagert waren. Deren Seitenschwenkbereich betrug etwa 90 Grad. Mehrere Bunker, darunter die sogenannten »Dom-Bunker«, dienten dem Schutz der Mannschaften und der Geschütze gleichermaßen. Insbesondere die eigens dafür verlegten Gleisanlagen bei Sangatte, die vom öffentlichen Schienennetz abzweigten, erlaubten eine optimale Versorgung mit Munition und sonstigem Nachschub.

Geschütze des Sofort-Programms

15-cm-Eisenbahngeschütz, Provisorium auf einem 2×3achsigen Tiefladewagen. Ansetzen per Hand. Die rechts erkennbare Stütze fing den Rückstoß auf beim Feuern quer zur Gleisrichtung (insgesamt je zwei Stützen links und rechts).

Die 15-cm-Kanone (E) wurde bis 1938 gefertigt (18 Stück) und in Dienst gestellt. Danach kam es zur Einstellung des Baus, weil die alten Marinerohre ballistisch keinen Fortschritt bedeuteten (Zuviel Lafette für zu wenig Kanone). Eine Rundum-Seitenrichtung war möglich, indem die seitlich ausschwenkbaren und absenkbaren Stützen den Rückstoßdruck abfingen und ein Umkippen beim Schießen quer zur Gleisrichtung verhinderten. Gewicht in Feuerstellung 74 t; Länge über alles 20,1 m; Höchstschußweite 22,5 km (beim Schießen mit Standard-Sprenggeschoß von 43 kg und großer Ladung).

Die 17-cm-Kanone (E) sollte ursprünglich die 15-cm-Kanone (E) ersetzen, stellte aber trotz Erhöhung von Geschoßgewicht und Schußweite nicht das dar, was die Heeresleitung unter schweren Geschützen verstand. Bis 1938 wurden deshalb nur sechs Stück gebaut und in Dienst gestellt. Gewicht in Feuerstellung 80 t; Länge über alles 20,1 m; Höchstschußweite 27,2 km (beim Schießen mit Standard-Sprenggeschoß von 62,8 kg und großer Ladung).

Die 20-cm-Kanone (E) bedeutete insofern ein Kuriosum, als das Heer mit dieser Waffe ein ausgesprochenes Marine-Kaliber erhielt, das es wegen des zusätzlichen logistischen Aufwandes nicht haben wollte. Aber der Auftrag an Krupp, aus acht überzähligen Rohren aus Marinebeständen eine geeignete E-Lafette zu bauen, war ergangen – und Krupp arbeitete besonders schnell. Schon ein Jahr vor Ablauf der Lieferfrist wurden die Geschütze fertig. Der Plan, acht Ersatzrohre mit dem Heereskaliber 21 cm einzubauen, konnte nicht mehr verwirklicht werden.
Gewicht in Feuerstellung 86 t; Länge über alles 19,4 m; Höchstschußweite 37 km (beim Schießen mit Standard-Sprenggeschoß von 122 kg und größter Ladung).

Die 24-cm-Kanone (E) »Theodor Bruno« bestand aus einem Marinerohr aus der Zeit um 1910 (!) sowie einer Lafettenkonstruktion des Ersten Weltkrieges. Von dem völlig veralteten Provisorium wurden sechs Exemplare gebaut und bis 1939 ausgeliefert.
Gewicht in Feuerstellung 94 t; Länge über alles 20,7 m; Höchstschußweite 20,2 km (beim Schießen mit Standard-Sprenggeschoß von 148,5 kg und großer Ladung).

Die 24-cm-Kanone (E) »Theodor«, ebenfalls noch aus dem 1936er Programm stammend, ähnelte im Prinzip der »Theodor Bruno«. Bis 1937 baute und lieferte Krupp drei Geschütze, die unter anderem an der Atlantikküste Verwendung fanden.

Eisenbahngeschütze an der Westfront: Getarnte Feuerstellung mit drei 24-cm-Kanonen »Theodor Bruno«. Die Kanonen sind lediglich durch ihre Ladekräne auszumachen.

»Theodor Bruno« auf »Vögele«-Drehscheibe; im Vordergrund provisorische Gleisringlore, sie dient zur Beförderung der Munition zum Geschütz.

Feuernde »Theodor Bruno« an der Kanalküste.

28-cm-Eisenbahngeschütz »Kurze Bruno« (Drehgestelle mit Netzen getarnt).

Selbstgefertigte Munitionszubringerbrücke.

Feuernde »Kurze Bruno« an der Kanalküste.

Die 28-cm-Kanone (E) »Kurze Bruno« aus der sogenannten Vierer-Bruno-Familie (Kurze/Lange/Schwere/Neue) wurde in acht Exemplaren gefertigt. Grobe Seitenrichtung von Schießkurve oder Drehscheibe, feine Seitenrichtung 1 Grad von Hand. Gewicht in Feuerstellung 129 t; Höchstschußweite 29,5 km (beim Schießen mit Standard-Sprenggeschoß von 240 kg unveränderlicher Treibladung).

Die 28-cm-Kanone (E) »Lange Bruno« entsprach im Prinzip der Kanone »Kurze Bruno«, sie unterschied sich im wesentlichen durch das längere Rohr (»Kurze Bruno« = 11,2 m; »Lange Bruno« = 12,7 m). Drei Geschütze wurden produziert. Gewicht in Feuerstellung 123 t; Länge über Puffer 22,8 m; Höchstschußweite 36,1 km.

Die 28-cm-Kanone (E) »Schwere Bruno« war ähnlich den vorstehenden Bruno-Geschützen, gebaut wurden zwei Stück.

Die 28-cm-Kanone (E) »Neue Bruno«, die Bezeichnung drückt es aus, stellte ein neuentwickeltes Geschütz mit neuem Rohr dar. Drei Exemplare dieser 1938/40 entwikkelten Waffe wurden gebaut und bis 1942 der Truppe zugeführt. Die ursprünglich vorgesehene höhere Fertigungszahl ließ man angesichts der leistungsstärkeren »K 5« fallen. Rohrlänge 16,4 m; Gewicht in Feuerstellung 150 t; Länge über Puffer 24,8 m; Höchstschußweite 46,6 km (mit Standard-Sprenggeschoß von 265 kg).

»Paris-Geschütz« und »K 12«

Das Geschütz mit der größten Schußweite des Zweiten Weltkrieges war die 21-cm-Kanone 12 in Eisenbahnlafette (21 cm K 12 [E]). Es handelte sich um die modifizierte Neuauflage des »Paris-Geschützes« (auch »Wilhelm-Geschütz«) des Ersten Weltkrieges. Die Geschütze der deutschen Landarmee besaßen 1914 Schießweiten von rund 15 km. Vier Jahre später schossen die »Paris-Kanonen« aus Entfernungen von mehr als 120 km bis in den Stadtkern der französischen Metropole. Diese mit konventioneller Rohrartillerie nie wieder erreichte Schußweite war das Resultat eines perfekten Zusammenspiels brillanter Geschützkonstrukteure, gründlichst entwickelter Spezialmunition, sorgfältigen Erprobungsschießens sowie des konsequenten Ausnutzens physikalischer und ballistischer Gesetzmäßigkeiten.

Anstoß zu jenem einzigartigen Fernkampfgeschütz gaben im Herbst 1914 Überlegungen der deutschen Obersten Heeresleitung, ob und wie man den englischen Hafen von Dover von der französischen Kanalküste aus beschießen könnte. Die kürzeste Distanz lag mit 33 km zwischen Kap Gris-Nez bei Calais und Dover. Als Schußweiten wären demnach mindestens 35 bis 40 km erforderlich gewesen. Die neuen 38-cm-Kanonen der damaligen Linienschiffe hätten rechnungsmäßig allenfalls eine Schußweite von maximal 28 km erreicht – bei Verwendung eines Geschosses von 743 kg Gewicht, einem Erhöhungswinkel von 45 Grad und einer Anfangsgeschwindigkeit (V_0) von 800 Metern in der Sekunde (m/s). Die erwähnte »rechnungsmäßige« Schußweite von 28 km ist von der Marine nicht genutzt worden, weil sie nicht mit einem Erhöhungswinkel von 45 Grad schoß.

Auf Anfrage des Reichsmarineamtes an die Firma Krupp, wie man die Schußweiten großkalibriger Marinerohre auf 35 bis 40 km vergrößern könnte, machte das Unternehmen folgenden Vorschlag: Aus einer firmeneigenen 35,5-cm-Versuchskanone sollten zunächst neuartige luftwiderstandsarme Haubengeschosse verfeuert werden, weil man bei einer V_0 von 940 m/s (die seinerzeit überhaupt weltweit größte Anfangsgeschwindigkeit schwerer Geschütze) und einem 535-kg-Geschoß sowie einer 45-Grad-Erhöhung eine Schußweite von 39 km errechnet hatte. Das Reichsmarineamt war einverstanden, und am 21. Oktober 1914 verließ das erste Haubengeschoß das 35,5-cm-Rohr auf dem Krupp-Schießplatz in Meppen.

Das Ergebnis verblüffte selbst erfahrene Ballistiker: Kein einziger Beobachtungsposten entlang des errechneten Geschoßweges innerhalb und außerhalb des Schießplatzes meldete einen Einschlag. Erst nach Stunden erfuhren die Krupp-Spezialisten, daß man weit ab vom Schießplatz in einem Dorf ein Geschoß gefunden habe – 49 km vom Geschütz entfernt! Eine für unmöglich gehaltene Schußweite, die an sich als Erfolg anzusehen war, die aber die ballistische Abteilung von Krupp in arge Verlegenheit brachte. Denn stimmten die theoretischen Schießwerte nicht, ging man bei weiteren Schritten von falschen Voraussetzungen aus.

Ebenso eiligst wie gründlichst durchgeführte Berechnungen erbrachten, daß man von zu großen Luftgewichten in den höheren Zonen der Flugbahnstrecke ausgegangen war, und daß man die Spitz- beziehungsweise Haubengeschosse hinsichtlich ihres geringen Luftwiderstandes unterschätzt hatte. »Der größte Feind der Schußweite ist der Luftwiderstand. An ihm zermürbt sich die Flugkraft des Geschosses verhältnismäßig rasch, und es sinkt viel früher zu Boden, als dies im luftleeren Raum der Fall wäre. Es kommt darauf an, ein verhältnismäßig leichtes Geschoß mit großer Rohrerhöhung (über 45°) und außerordentlich großer Anfangsgeschwindigkeit so zu verfeuern, daß es in steilem Anstieg und schnell die dichten Luftschichten der Erdoberfläche verläßt.« Erkenntnisse dieser Art, niedergelegt in einer Krupp-Studie, waren der Ballistik vor dem Kriege weitgehend fremd.

Die nach dem sensationellen 49-km-Schuß sofort angestellten ballistischen Rechnungen für das 38-cm-Marine-

Professor Dr. Fritz Rausenberger.

rohr wiesen Schußweiten von 38,7 km aus, womit die Forderung des Reichsmarineamtes nach 35- bis 40 km Weiten theoretisch erfüllt war. In der Praxis hingegen war sie mit Blick auf den Dover-Beschuß bedeutungslos geworden, denn den deutschen Truppen gelang es bekanntlich nicht, bis nach Calais vorzudringen.
Der überraschende Weitschuß vom 21. Oktober 1914 ließ die Fachleute indessen nicht ruhen. Insbesondere Professor Dr. Fritz Rausenberger, artilleristischer Leiter bei Krupp und »Vater« des »Paris-Geschützes«, sowie sein Assistent und Ballistiker Dr. Otto von Eberhard, gingen nun die magische Schußweite von 100 km (!) an.
Von Eberhard wollte das Geschoßgewicht auf 210 kg reduzieren sowie das Projektil als Treibspiegelgeschoß auslegen, um unter Beibehaltung der sonstigen Werte eine V_0 von 1500 m/s und damit Weiten von rund 100 km zu erzielen. Rausenberger konnte sich nicht damit anfreunden, daß von der Geschoßmasse (210 kg) nur 90 kg als Zerstörungsmasse verblieb, während der »Rest« als Treibspiegel dient und beim Abfallen (nach Verlassen des Rohres) womöglich die eigene Truppe gefährdet.
Um das »Hundertkilometerschießen« zu realisieren, erschien es Rausenberger zweckmäßiger, ein etwa 100 kg schweres Geschoß mittels großer Treibladung durch ein sehr langes Rohr auf 1500 m/s zu beschleunigen. Um möglichst rasch entsprechende Weitschußrohre verfügbar zu haben, wollte er ein 21-cm-Rohr als Seelen- beziehungsweise Futterrohr in irgendein vorhandenes größeres Rohr als Trag- oder Mantelrohr einbauen.
Zunächst aber mußte er sich vergewissern, ob die OHL überhaupt am besagten Hundertkilometerschuß interessiert ist. Als Ziel kam eigentlich nur Paris infrage. Und der »Zweck« konnte angesichts der leichten 100-kg-Granaten und der etwa 8-kg-Sprengstoffladung nur darin liegen, Unruhe in die Stadt zu tragen, die Ordnung zu stören, kurz: demoralisierend zu wirken. Nachdem die Generale Hindenburg und Ludendorff von dieser Möglichkeit erfahren und ihr Einverständnis gegeben hatten, stand der Idee und dem System »Paris-Kanone« militärpolitisch nichts mehr im Wege. Sehr wohl aber gab es noch eine Vielzahl technisch-physikalischer Probleme.

Auf der Suche nach dem »richtigen« Geschoß (X). Bei den dargestellten Granaten handelt es sich lediglich um eine kleine Auswahl.

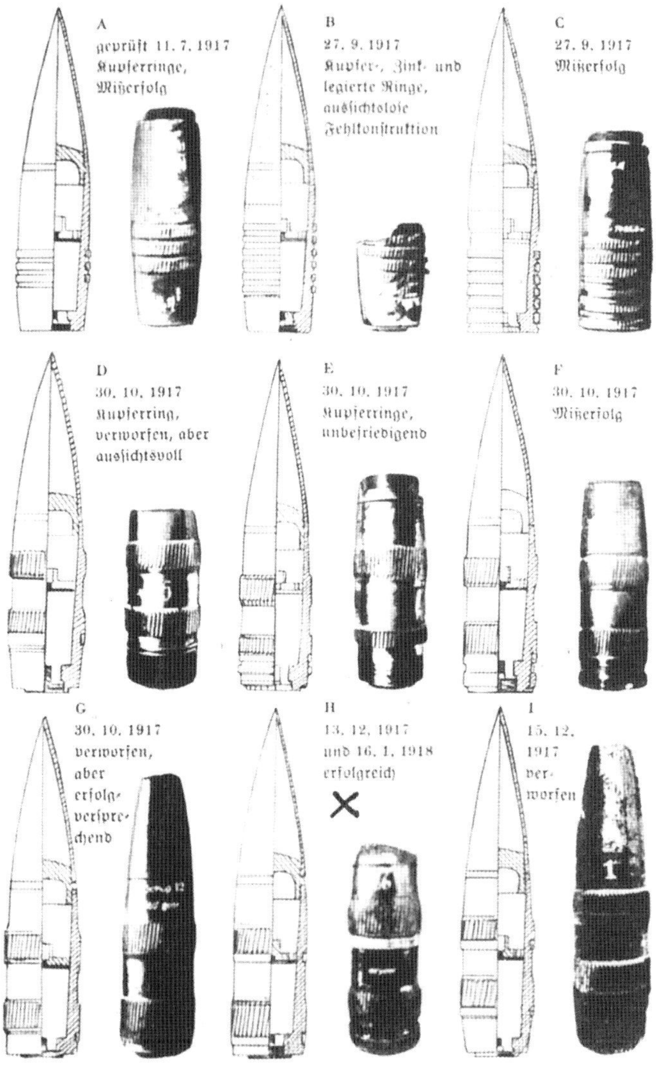

Mitten in die schwierigen Arbeiten bei Krupp platzte am 5. Februar 1917 die Forderung »von oben«, die Granatenreichweite auf 120 km zu erhöhen, weil die deutsche Front zurückgenommen werden sollte. Rausenberger über dieses Ansinnen in seiner Darstellung der Geschichte der »Paris-Geschütze«: »Diese Forderung mag dem Laien wohl nicht gerade sehr bedeutungsvoll erscheinen, für uns aber, denen schon die großen Schwierigkeiten des Problems, 100 km weit zu schießen, vor Augen standen, war sofort klar, daß diese Erweiterung der Aufgabe die Lösung ungeheuer erschweren mußte.«

Rausenberger überprüfte nun eingehend die Chancen und glaubte das Problem so lösen zu können: »In ballistischer Beziehung: Bei 50° Erhöhung wird bei 1610 m/s Anfangsgeschwindigkeit mit einem 106 kg schweren Haubengeschoß eine Schußweite von etwas über 120 km erreicht werden. Zur Erzielung dieser Anfangsgeschwindigkeit ist eine Ladung von 200 kg des für die 38-cm-Kanone eingeführten Röhrenpulvers C/12 bei 4000 Atm. maximalem Gasdruck bei einem Geschoßweg im Rohr von 24 m erforderlich ... Um ein möglichst gleichmäßiges Verhalten des Pulvers zu gewährleisten, wurde von vornherein vorgesehen, daß das Pulver auch an der Front dauernd gleichmäßig auf 15 Grad erwärmt wurde. In konstruktiver Beziehung: Die 35-cm-Kanone L/35 erhält ein 21-cm-Futterrohr, das der Länge nach aus drei Stücken zusammengeschraubt wird, was bedingt ist durch die großen Schwierigkeiten in der Herstellung so langer Schmiedestücke bei den vorhandenen Werkstatteinrichtungen. Der Laderaum wird so gebohrt, daß die Kartuschhülsen der bei der Marine eingeführten 28-cm-Kanone L/45 benutzt werden können. Es wird für zweckmäßig gehalten, das gezogene Rohr nach vorn zu noch durch ein ... glattes Rohrstück (Tüte) zu verlängern. Dasselbe ist 6 m lang und so konstruiert, daß es in der Batteriestellung aufgesetzt werden kann, da der Transport eines so langen Rohrs auf der Eisenbahn auf Schwierigkeiten stößt. Das 28 m lange, verhältnismäßig dünne Rohr wird sich infolge seines Eigengewichts an der Mündung um etwa 90 mm durchbiegen. Deshalb soll über dem Rohr ein regulierbares Spannwerk angebracht werden, das die Durchbiegung verhindert.« (Die »Tüte« wurde später auf neun m verlängert.)

Im wesentlichen entsprachen Ballistik und Konstruktion den späteren Gegebenheiten. Anstelle des ursprünglichen 35-cm-Mantelrohres kamen 38-cm-Rohre zum Einsatz. Das »Paris-Geschütz« in seiner endgültigen Form war ein EB-Geschütz, fußend auf dem System »Langer Max«.

Bis zum Beginn der Schießversuche auf dem Marine-Schießplatz in Altenwalde bei Cuxhaven mußten noch einige ballistische und technische Hürden überwunden werden. Die wertvollen artilleristischen Erfahrungen des Hauses Krupp halfen dabei entscheidend.

Die Hauptschußrichtung verlief parallel zur Küste entlang der Inseln Wangeroog, Norderney, Juist und Borkum. Man hatte eine freie Schußbahn bis über die Jade hinweg, insgesamt etwa 150 km lang. Große Sorgen bereitete den Kruppianern die Führung des Geschosses und die enormen Ausbrennungen des Rohres. Diese übertrafen die schlimmsten Erwartungen. Die herkömmlichen Kupfer- und Messingführungen erwiesen sich beim Durcheilen des langen Rohrweges als völlig unzulänglich. Rausenber-

»Paris-Geschütz« auf dem Marine-Schießplatz Altenwalde. Das Rohr befindet sich in einer Versuchs- bzw. Anschießlafette.

Feuerndes »Paris-Geschütz« in Altenwalde.

ger entschied sich deshalb für eine Stahlringführung: »In je einem vorderen und einem hinteren mit dem Geschoß aus einem Stück gefertigten Stahlring wurden für die Rohrfelder sehr sorgfältig Nuten eingefräst, die entsprechend dem Drall schräg gerichtet waren. Da außerdem der größte Wert auf eine vollkommene Zentrierung des Geschosses, namentlich auch bei schon mehr oder weniger ausgeschossenem Rohr gelegt werden mußte, kamen wir auf den Gedanken, direkt hinter der vorderen und hinteren Stahlwarzenführung noch je einen besonderen Zentrierring aus Kupfer anzubringen. Der vordere Kupferring erhielt gleichzeitig mit dem vorderen Stahlring die erwähnten Nuten für die Geschoßfelder, der Durchmesser des Kupferrings aber wurde dem jeweiligen Ausbrennungszustand des Rohres angepaßt, so daß also die Durchmesser der Zentrierringe mit wachsender Schußzahl des Rohrs zunahmen und größer waren als der über den Stahlwarzen gemessene Durchmesser.

Ähnlich war es mit dem hinteren Zentrierring aus Kupfer, sein Durchmesser war naturgemäß immer etwas größer als derjenige des vorderen Zentrierrings. Er erhielt nur bei schon etwas ausgeschossenem Rohr schwache Ausfräsungen für die Felderreste und diente auch zur Begrenzung der Vorwärtsbewegung des Geschosses beim Ansetzen. Bei diesem mußte, namentlich bei schon etwas ausgeschossenem Rohr, mit größter Vorsicht verfahren werden, damit das Geschoß auch wirklich richtig ›eingefädelt‹ war, das heißt, die Stahlwarzen richtig in die Züge eingeführt waren ... Um zu verhindern, daß die Pulvergase unmittelbar gegen den hinteren kupfernen Zentrierring auftrafen und sofort zwischen Feldern und Geschoßwarzen vorbeipfiffen, wurden hinter dem Zentrierring noch Zinnringe und Asbestringe über den Geschoßzapfen gestreift und dann mit einer besonderen Stoßvorrichtung so zusammengestaucht, daß sie die Zwischenräume zwischen Geschoß und Seelenwand fürs erste vollständig abdichteten.« Dieses Zitat aus einem Rausenberger-Manuskript erhellt am Beispiel der Munitionsentwicklung, mit welchen Problemen die Krupp-Experten konfrontiert wurden.

Am 20. November 1917 flog das erste in dieser Weise hergerichtete Geschoß erstmals über die 100-km-Marke hinaus. Und am 30. Januar 1918 erschoß das Rausenberger-Team bei 50 Grad Erhöhung sowie einem Gasdruck von 4300 Atm. und einer V_0 von 1645 m/s eine Schußweite von 126 km! Die Flugzeit betrug 182 Sekunden, der Fallwinkel 55 Grad. Bei vier Schüssen lag die Längenstreuung bei nur vier km – hinsichtlich des potentiellen

Das auch »Wilhelm-Kanone« genannte Fernkampfgeschütz in der Montagehalle von Krupp.

Großflächenziels Paris ein absolut vertretbarer Wert.
Rausenberger betrachtete die ihm gestellte Aufgabe als gelöst. Drei Geschütze wurden bei Crépy, westlich von Laon, feuerbereit gemacht – rechtzeitig zum Auftakt der großen deutschen Frühjahrsoffensive. Am 22. März 1918 befahl die OHL die Feuereröffnung gegen Paris.
Leitung und Durchführung des Unternehmens lagen, sehr zum Verdruß des Heeres, in den Händen der Marine, die wiederholt mehrere Fernkampfgeschütze samt Bedienung für die Westfront abgestellt hatte. Vizeadmiral Rogge, Direktor des Waffendepartements beim Reichsmarineamt, war als Verantwortlicher der OHL unmittelbar unterstellt. Für Vermessung, Meteorologie, Ballistik und Munition, technische Betreuung, Transport, Gleisverlegungs- und Bettungsarbeiten standen den Marineartilleristen ein Stab von Krupp-Spezialisten zur Seite. Neben Bedienungsvorschriften, Schußtafeln und Schießanleitungen lieferte Krupp auch ein Sondermerkblatt für den Batterieoffizier, in dem dieser unter anderem Angaben über den Einfluß der Himmelsrichtung auf die Schußweite infolge der Krümmung und Rotation der Erde nachlesen konnte.
Am 23. März 1918 um 7.15 Uhr fiel der erste Schuß gegen die französische Hauptstadt. Das Projektil flog 121 km weit und explodierte auf dem Platz der Republik. Es wirbelte viel Staub auf, in mehrfacher Hinsicht. Anfangs feuerten zwei rund 900 m von einander entfernt stehende Geschütze; das dritte eröffnete sein Feuer einige Tage später. Während der ersten Einsatztage hielt sich Rausenberger (neben weiteren Firmen- und Militär-Prominenten) in den Feuerstellungen auf. Die Geschehnisse aus seiner Sicht sind insofern erwähnenswert, als hier ein verantwortlicher Waffenkonstrukteur an der Front sein Erzeugnis »erlebt«: »Mittags traf der Kaiser ... zur Besichtigung der Geschütze ein. Ich fand hierbei Gelegenheit, dem Kaiser ausführlich über die Wilhelmgeschütze und ihren Werdegang Bericht zu erstatten, wobei der Kaiser mir seine Glückwünsche zum Gelingen des Unternehmens aussprach. Am 24. März wurde das Schießen wieder aufgenommen ... Mittags wurde uns von der Obersten Heeresleitung telefonisch mitgeteilt, daß nach den Meldungen Pariser Blätter unsere Geschosse zur größten Verblüffung der Franzosen in Paris eingeschlagen und richtig detoniert seien ... Aber gerade als wir, bei einem herrlichen Frühlingswetter im Freien sitzend, den Erfolg besprachen, schlugen die ersten französischen großkalibrigen Granaten etwa 200 m von uns mit lautem Gekrach ein, und ihre Sprengstücke flogen uns sausend über die Köpfe. Schon bei der 3. oder 4. französischen Lage wurden leider bei dem 1. Geschütz durch die Sprengstücke ... 6 oder 7 Leute der Bedienungsmannschaft ... zum Teil schwer verwundet (später waren auch die ersten Toten zu beklagen). In der Folgezeit haben die Franzosen wohl einige 1000 Schuß gegen die Wilhelmgeschütze bei Crépy verfeuert, ohne daß aber ... ein Materialschaden angerichtet worden wäre. Überhaupt wurde keines der Wilhelmgeschütze während ihrer mehrere Monate andauernden

Nach dem Transport in Eisenbahnlafette bis in die Feuerstellung wird das Geschütz mit Kranhilfe von den Fahrgestellen gehoben (hier noch ohne Rohrverlängerung).

Draufsicht: Bettung mit Montagegleisen.

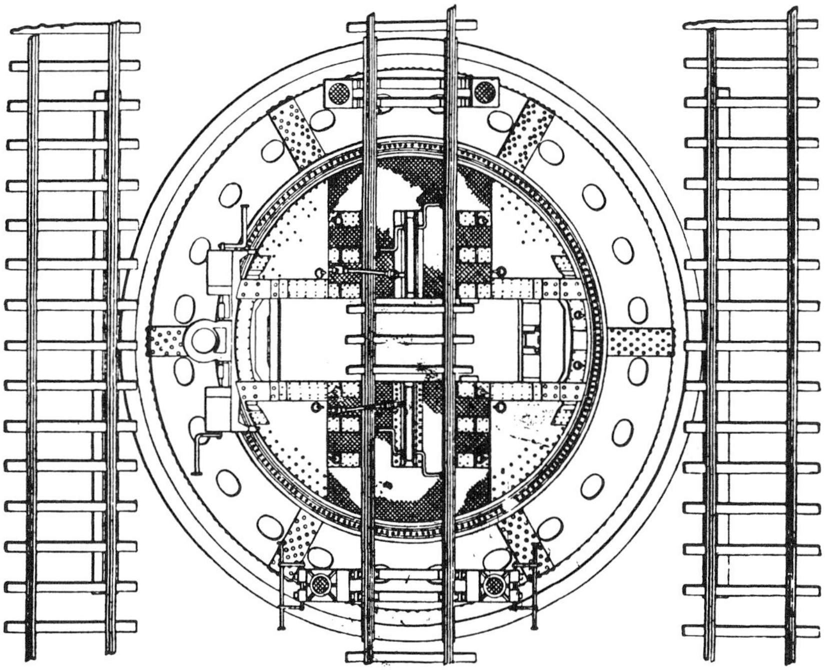

Aufbau des Geschützes.

Das schußbereite Geschütz in seiner Bettung.

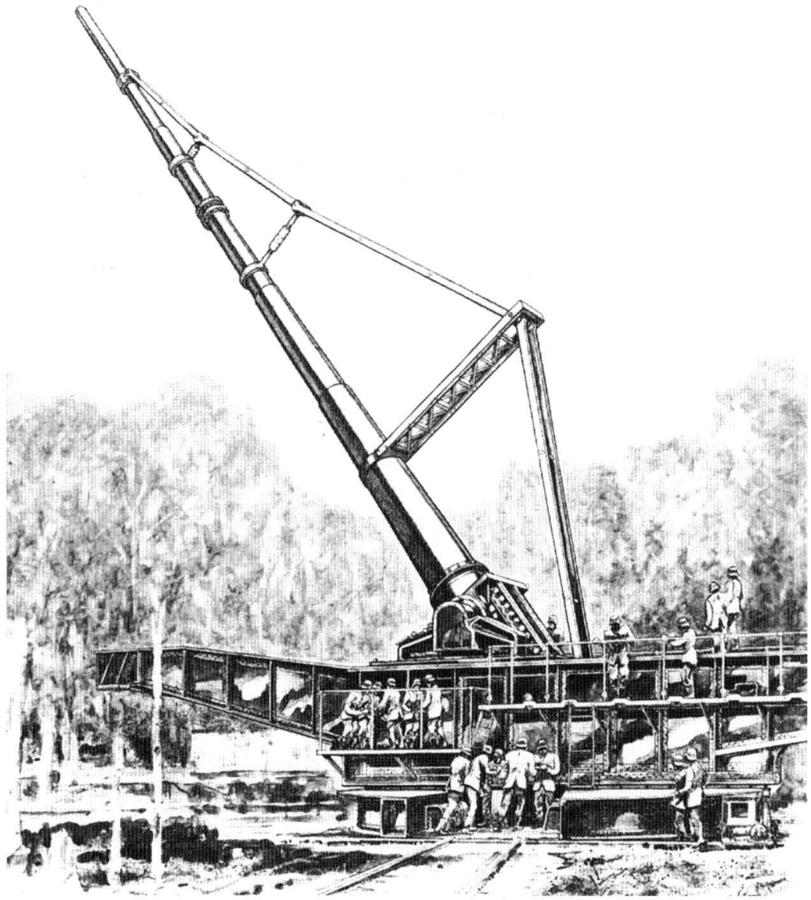

Geschoßbahn

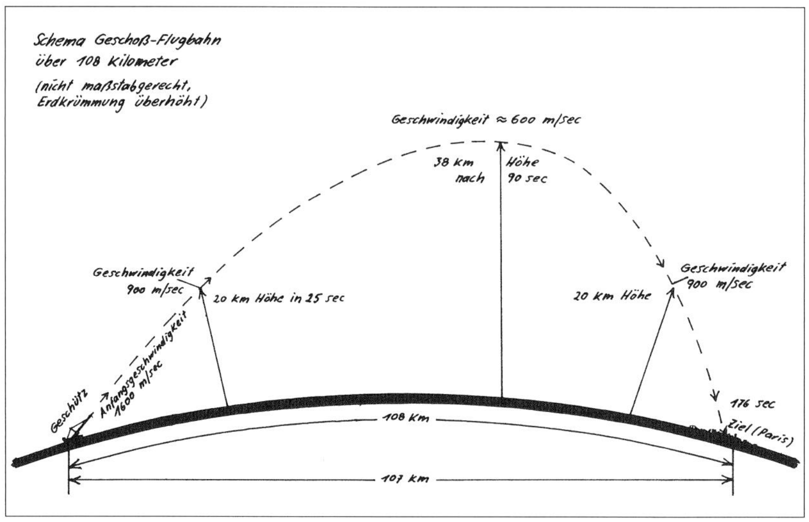

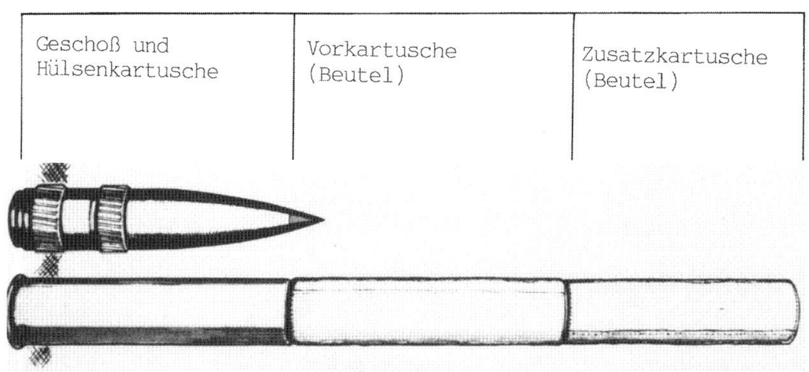

Geschoß und Ladung.

Feuerpause, die Geschützbedienung beim »Fototermin«.

Das Geschütz in getarnter Feuerstellung bei Laon.

Tätigkeit an der Front auch nur im geringsten durch feindliches Feuer beschädigt.«

Es waren französische 30,5-cm-Batterien, die damals mit vier Eisenbahngeschützen das vermeintliche Gelände der deutschen Feuerstellungen abstrichen. Es handelte sich also nicht um gezieltes und beobachtetes Feuer. Das Orten der Feuerstellungen der »Paris-Kanonen« war durch Tarnung und Täuschung erheblich erschwert. Außer Scheinstellungen zum Ablenken der Luftaufklärer wurden französische Schall- und Lichtmeßeinheiten dadurch behindert, daß zugleich mit den Wilhelmgeschützen rund 30 Verschleierungsbatterien mit verschiedenen Kalibern im weiten Umkreis feuerten. Wie noch zu sehen sein wird, sind verblüffende Parallelen beim Einsatz der 80-cm-E-Kanone »Dora« vor Sewastopol zu verzeichnen.

Die Beschießung von Paris über einen größeren Zeitraum hinweg (März bis August 1918) lösten neben Trauer (256 Todesopfer) Schrecken, Unsicherheit und Wut aus. Zu dem insgeheim erhofften Zusammenbruch der öffentlichen Ordnung in der Hauptstadt, zugleich Kopf und Nervenzentrale der militärischen Führung, kam es indessen nicht. Nach dem Krieg hat das Projekt »Paris-Geschütz« bei Artilleristen des In- und Auslandes Staunen und widerwillige »Bewunderung« insofern hervorgerufen, als es weit über den Stand der damaligen Technik hinausgriff. Die rein taktische Beurteilung neutraler Kommentatoren: Seiner-

Luftaufnahme der Feuerstellung (Pfeil) bei Bruyèves aus 2000 Meter Höhe.

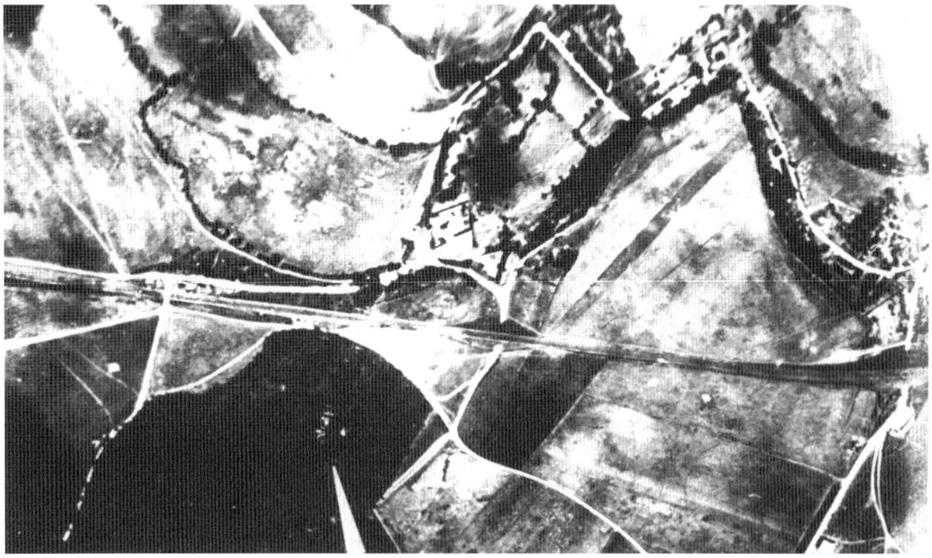

Luftaufnahme aus 1000 Meter Höhe.

Kanonen-»Parade« auf dem Krupp-Schießplatz in Meppen (etwa in der Mitte das »Paris-Geschütz« mit Tarnanstrich (1918).

Plan von Paris mit den Einschlägen der gesamten Beschießung (März bis August 1918).

Links und rechts: Getroffene Gebäude in Paris.

zeit war kein anderes Kampfmittel zu vergleichbarer Fernwirkung befähigt, es war somit taktisch gerechtfertigt.
Nach dem Krieg haben Autoren wiederholt versucht, die Geheimnisse jener Langrohrkanonen zu lüften. Doch vieles mußte zwangsläufig im dunkeln bleiben. Denn: Die Geschütze konnten rechtzeitig von der Front in die Heimat zurückgezogen und unmittelbar nach dem Waffenstillstand zerschnitten und eingeschmolzen werden. Die Hardware, wie man heute sagen würde, war verschwunden. Veröffentlichungen (Software) über eine derartige (auch politische und psychologische) »Geheimwaffe« gab es naturgemäß keine.
Firmenunterlagen galten entweder als »unauffindbar« oder waren nicht zugänglich. Selbst 1926 noch, dem Sterbejahr von Fritz Rausenberger, sperrte sich das Reichswehrministerium gegen eine Veröffentlichung der Rausenberger-Aufzeichnungen, die seine Witwe beabsichtigt hatte. Das Ministerium befürchtete Vorteile für die ehemaligen Gegner, die mutmaßlich an vergleichbaren Geschützentwicklungen arbeiteten. Für die ministerielle Zurückhaltung sprach wohl vor allem die Tatsache, daß das Rausenberger-Team gegen Ende des Krieges unmittelbar vor der Verwirklichung von Schußweiten bis 170 km gestanden hatte.

»K 12«

Als das Heereswaffenamt im Jahre 1934 die Idee eines Fernkampfgeschützes erneut aufgriff, stützte es sich selbstverständlich auf entsprechende Krupp-Unterlagen (unter anderem Rausenberger-Nachlaß) und militärische Berichte über Fernkampfartillerie im allgemeinen und »Paris-Geschütze« im besonderen. Das Material reichte allemal, um ans Werk zu gehen.
Erste Daten und Angaben über die Neuauflage des »Paris-Geschützes« (Deckname »K 12 [E])« finden sich im »Bericht über die Teilnahme am Versuchsschießen in Rügenwalde am 24., 25. und 26. 11. 1937 (Geheime Kommandosache)«: »Es wurde zunächst mit der K. 12 (E) geschossen. Das Rohr mit Spannwerk lag in dem großen Schießgerüst (Drehscheibe) der Firma Krupp. 2 Schuß blindgeladene Gr. (107,5 kg) wurden mit Erhöhung 17° und 15° mit großer Ladung (Hauptkartusche in der Kartuschhülse mit 3 Vorkartuschen, zus. = 215 kg Pulver) abgefeuert ... Die Firma Krupp glaubt, daß anstelle der verwendeten Gr. (ohne Bodenkonus) solche mit Bodenkonus und

»Neuauflage« des »Paris-Geschützes«: Die »K 12 E«.

anderer Formgebung verwendet werden müssen, um die beabsichtigte Höchstschußweite von 120 km zu erreichen. Die Schießen mit der K. 12 (E) können nur als erste Fühlversuche angesehen werden ... Einige Daten: 21 cm Kal., Rohrlänge 154 Kal. = 32,34 m, Ladungsraum = 4 m, Gasdruck = 4600–5000 Atm., V_0 etwa 1625 m/s., Lebensdauer des Rohres = etwa 80–100 Schuß ... Die beobachteten Einschläge ergaben eine Entfernung von rund 90 km.«
Im Jahre 1938 wurde die K 12 fertiggestellt und im März

1939 unter der Bezeichnung »21 cm K 12 *V*« der Truppe übergeben.
Die Ähnlichkeiten zum großen Vorbild aus dem Ersten Weltkrieg waren unübersehbar: Die 107,5 kg schwere Granate (Standard-Sprenggeschoß mit Kopf- und Bodenzünder sowie ballistischer Haube) besaß acht in die Züge des Rohres passende Weicheisenrippen. Die Sprengladung beschränkte sich wegen der verstärkten Geschoßkonstruktion auf 7,85 kg. Bei einer V_0 von 1625 m/s und einer Erhöhung von 55 Grad lag die Höchstschußweite bei 115 km! Die Treibladung von 241 kg verteilte sich auf eine Kartuschhülse und zwei beziehungsweise drei Vorkartuschen in Beuteln.
Das profilgängige Geschütz maß 41,3 m in der Länge und wog 302 t. Es besaß eine Kastenlafette aus Stahlträgern auf zwei Untergestellen, die wiederum auf zwei hinteren Drehgestellen zu je vier Achsen und zwei vorderen Drehgestellen zu je fünf Achsen ruhten. Im Unterschied zum Weltkrieg-I-Vorgänger, der nach dem Eisenbahntransport bis in die Feuerstellung dortselbst in eine vorbereitete festmontierte Schwenkbahnbettung gehoben werden mußte (EB-Form), schoß die K 12 entweder von einer Schießkurve, Gleisklaue, Drehscheibe oder Kreuzbettung. Das mit 33,3 m ungewöhnlich lange Rohr wurde, wie auch das des »Paris-Geschützes«, mit einem Stahlrohr-Spannwerk stabilisiert. Das Bodenstück war als Gegengewicht zum langen Rohr auffallend voluminös. Damit beim Rücklauf des erhöhten Rohres dieses den Gleisen nicht zu nahe kam, erhielt das Geschütz eine hydraulische Hebevorrichtung, die das gesamte Lafetten- und Rohrsystem um knapp einen Meter anheben konnte. Weil ein Laden bei angehobener Lafette nicht möglich war, mußte diese jedesmal gesenkt und zum Feuer wieder gehoben werden.

Das leistungsfähigste Fernkampfgeschütz der deutschen Eisenbahnartillerie im Zweiten Weltkrieg; von der Truppe kurz »K 12« genannt.

Das voluminöse Bodenstück der »K 12«.

Das Geschütz mit abgesenkter Lafette. Das bügelförmige Gußstück vorne zwischen den Puffern dient der Verriegelung mit dem Schwenkträger der »Vögele«-Drehscheibe.

Außer der ohnehin schon umfangreichen Geschützzug-Ausrüstung führte die K 12-Batterie einen Kranwagen und ein Kreuzgleissystem mit sich. Jedes Gleis konnte damit zu einer Bettung mit einem T-förmigen Verschiebegleis ausgebaut werden. Auf dem Querbalken des T rollten bei Nutzung dieser Kreuzbettung die beiden vorderen Drehgestelle nach links oder rechts und brachten so die Lafette mit Rohr in die gewünschte Seitenrichtung. Das Bewegen geschah mit Lok oder Eigenantrieb des Geschützes.
Obschon die K 12 eine ausgereifte Konstruktion darstellte und ballistisch als beispiellos galt, blieb die Truppe dieser Waffe gegenüber reserviert. Insbesondere das komplizierte und zeitraubende Heben und Senken vor und nach jedem Schuß fand kein Gefallen. Überdies mußte das Prinzip Rohrartillerie als Fernkampfmittel angesichts der stürmischen Luftwaffen-Entwicklung mehr und mehr als taktisch überholt angesehen werden. So kam es denn auch zur Auslieferung nur noch eines Geschützes (21 cm K 12 N). Es gelangte im Sommer 1940 zur Truppe und wurde, wie auch das erste Geschütz, an der französischen Kanalküste in Stellung gebracht. Die beiden Kanonen sollten das nachholen, was den Deutschen im Ersten Weltkrieg versagt blieb: England beschießen.
Es war eine klägliche Premiere. Vom September 1940 bis Mitte 1941 verschossen die beiden Fernkampfkanonen ganze 72 Granaten. Die Engländer beobachteten Einschläge bei Rainham nahe Chatham in der Grafschaft Kent sowie im Raume Dover und Eastbourne. Der weiteste Schuß wurde mit 88 km ermittelt. Britische Experten untersuchten die aufgefundenen Geschoßsplitter und

identifizierten diese als Reste von Artillerieprojektilen. Mehr noch: Sie errechneten ballistische Eigenheiten anhand der Fragmente und kamen so auf Daten, die den realen Werten ziemlich genau entsprachen. Die britischen Behörden spielten die Sache herunter und taten alles, damit in der Bevölkerung keine Panik aufkam. Den England-Beschuß mit Rohrwaffen registrierte die Landesverteidigung alles in allem mit britischer Gelassenheit. Auch die spätere Beschießung Dovers (mit anderen Geschützen) bis ins Jahr 1944 hinein ließ die Engländer eher spötteln:

Die deutschen Batterieführer hätten wohl wenig Sinn für ihren Job, weil sie meist immer die gleichen Stellen im freien Feld bestrichen. Nach dem Krieg schafften sie sogar die Tafel mit den fein säuberlich registrierten Schüssen aus der deutschen Feuerstellung nach Dover und stellten diese als eine Art »Sieges«-Denkmal an der Hafenpromenade auf.

Im »Befehl für den Einsatz von E-Artl.« vom 14. April 1941 des Oberkommando des Heeres (OKH) wurde für »Barbarossa« (Angriff auf die Sowjetunion) der Heeres-Gruppe Süd die Batterie 701 mit »1 Gesch. K 12« zugewiesen. In der Folgezeit bestand dann offensichtlich kaum noch Bedarf an einem Weitschußgerät dieser Art. Zwar kam es wiederholt zu Einsatzplanungen, aber nicht zum scharfen Schuß. Man wollte offenbar die Rohre für »lohnende« Ziele schonen.

So ist die K 12 auch nicht gegen Malta zum Einsatz gekommen, wie mehrfach vorgesehen. Der General der Artillerie lehnte einen solchen mit folgender Begründung ab (Datum 20 .Juni 1942): »Nach Abgabe der vorgesehenen 160 Schuß sind die beiden Rohre ausgeschossen. Infolgedessen ist in diesem Fall der Einsatz gegen die Südostküste Englands nicht mehr möglich.« Interessant auch dieser Passus: »Nach Mitteilung des Chefs Transportwesen ist die Zuführung der K-12-Batterie eisenbahntechnisch bis Sirakus möglich. Für den weiter südlich auf Strecke Sirakus–Noto Pachino oder auf Strecke Sirakus–Noto Pozalo erforderlichen Einsatz ist Verstärkung von 2 Brücken erforderlich (Arbeitszeit etwa 15–20 Tage). General der Artillerie hält trotz der hierfür gegebenen eisenbahntechnischen Voraussetzungen den Einsatz nicht für lohnend, da a) die große Streuung lediglich Abgabe von Störungsfeuer auf die gesamte Fläche der Insel gestattet und b) die geringe Wirkung des Einzelschusses (8,1 kg Sprengstoff) auf die kampfgewohnte und durch Fliegerangriffe mit schwerstem Kaliber abgestumpfte Besatzung kaum eine moralische Wirkung ausüben wird.«

Im Rahmen der zahlreichen Vorschläge aus Industrie und Waffenamt für den von Hitler befohlenen England-Beschuß taucht auch regelmäßig das nun so benannte »Fernschieß-Gerät« K 12 auf.

In einem Vorschlag von WaPrüf11 (11 = Raketen/Peenemünde) vom 11. August 1943 wird der K 12 eine soge-

»Paris-Geschütz« und »K 12« im Vergleich (Standard- beziehungsweise Durchschnittswerte)

	»Paris-Geschütz«	»K 12«
Kaliber	21 cm (Basis 35- u. 38-cm-Rohre)	21 cm
Rohrlänge (Seele)	34 m (28 m)	33,3 m (32,3 m)
Seitenrichtbereich	360 Grad (Drehscheibenbettung)	360 Grad (Drehscheibe)
Höhenrichtbereich	bis +55 Grad	bis +55 Grad
Gewicht in Feuerstellung	140 t*	302 t
Gasdruck	maximal 4800 kp/cm^2	maximal 4600–5000 kp/cm^2
Geschoßgewicht	106 kg	107,5 kg
Sprengstoffgewicht	7–8 kg	7,85–8,10 kg
Ladungsgewicht	200 kg	250 kg
Anfangsgeschwindigkeit (V_0)	1645 m/s	1625 m/s
Höchstschußweite	130 km	115 km
Zünder	Kopf- und Bodenzünder	Kopf- und Bodenzünder
Ladungsraum	4 m	4 m

* bezieht sich auf das von der E-Lafette abgesetzte Geschütz

nannte »Zone III« zugewiesen (125–160 km). Um derartige Entfernungen mit Rohrwaffen erfassen zu können, schlug die Abteilung das Verschießen von »Treibring-, Treibflossen- und Bündelgeschossen« vor. Man arbeitete unter anderem an einem 21-cm-Pfeilgeschoß von 150 cm Länge und einem Gewicht von 140 kg. Eine 340-kg-Treibladung sollte das Projektil auf 1850 m/s beschleunigen. Durch die besondere Formgebung des Geschosses und die hohe V_0 erhoffte man sich Reichweiten bis zu 250 km!

In einer Besprechungsnotiz des Generals der Artillerie vom 31. Oktober 1944 »über den Einsatz schwerster Artillerie« im Westen tauchte die K 12 wohl letztmalig als Waffe gegen England auf. Die Notiz besagte, daß nur mehr ein Gerät K 12 vorhanden war und dieses »nach Instandsetzung« einsatzbereit sei. Der Munitionsbestand zu jenem Zeitpunkt betrug gemäß besagter Notiz »rund 120 Schuß«. Spätestens im November 1944 wurden alle Weitschuß- und England-Beschuß-Vorhaben, die Rohrartillerie betreffend, eingestellt.

In die K 12 waren, wie erwähnt, wertvolle Erkenntnisse und unschätzbare Erfahrungen Rausenbergers und seiner Mitarbeiter eingeflossen. Insofern stellte das Geschütz ein waffentechnisches Studienobjekt erster Güte dar. Die 1,5 Millionen Reichsmark, die Krupp für das Geschütz (ohne Entwicklungsarbeiten) berechnete, hätten sich, so die Fachleute, aufgrund des gewonnenen technischen Wissens allemal gelohnt.

Standardgeschütz »K 5«

Die 28-cm-Kanone 5 in Eisenbahnlafette (28 cm K 5 [E]) ist als Höhepunkt der technischen Entwicklung im Eisenbahngeschütz-Bau anzusehen. Mit dieser 28-cm-Kanone erschien das am gründlichsten durchkonstruierte und erprobte sowie einzige in größerer Stückzahl gebaute Gerät. Von den ursprünglich insgesamt geplanten 30 Exemplaren (manche Quellen wollen von 44 Exempl. wissen) gelangten schließlich immerhin noch 25 an die Truppe und zum Feldeinsatz. Sie bildeten als Standardgeschütze das Rückgrat der deutschen E-Artillerie.
Die bereits 1934 angelaufene Entwicklung, zeitgleich mit jener der K 12, zielte von Anfang an auf einige innenballistische Besonderheiten der Rohre ab, um endlich entscheidend gesteigerte Schußweiten vorweisen zu können. Denn die bis dahin mit den alten 28-cm-Marinerohren erreichten 30 bis 45 km stellten weder Waffenamt noch Truppe zufrieden.
Wie die K 12-Rohre waren auch die der K 5 sogenannte Tiefzug-Rohre (zur paßgenauen Aufnahme der Drallführungsrippen der Geschosse). Die anfangs 10 mm tiefen Züge der bis 1940 gefertigten und eingeschossenen Rohre verringerte man auf 7 mm (K 5 Tiefzug 7 mm). Der Grund für diese Änderung lag in plötzlich aufgetretenen Rohrrissen bei den Rohren mit 10 mm tiefen Zügen. Obgleich die Ursache der Risse nie bewiesen, sondern nur in den 10 mm tiefen (zu tiefen?) Zügen vermutet wurde, entschloß man sich zur besagten Änderung. Tatsächlich traten Risse an der K 5 Tiefzug 7 mm nicht auf.
Neben den Tiefzug- sowie auch noch gefertigten Vielzug-Rohren (K 5 VZ = herkömmliche Art) kam es später zur Fertigung von glatten, zum Kaliber 31 cm aufgebohrten Rohren (K 5 Glatt). Das auch von seinem äußeren Erscheinungsbild ungemein »ausgereift« wirkende Geschütz mit seiner auffallend schlanken und schnörkellosen Rahmenlafette und seinem ranken, 21,5 m langen Rohr hatte in der Truppe bald den Namen »schlanke Bertha« weg.
Das Geschütz besaß zwei sechsachsige Drehgestelle. Auf

28-cm-Eisenbahngeschütz »K 5« an der französischen Kanalküste.

Geschütz von vorne; beachte Rohrmündung mit deutlich erkennbaren Tiefzügen.

Links unten:
Ladevorgang, die Drallführungsrippen sind auf dieser Aufnahme gut zu erkennen.

»K 5« auf dem Heeresversuchsschießplatz Rügenwalde. Im Vordergrund Besichtigungsdelegation aus Industrie und Heereswaffenamt, u. a. Prof. Dr. Erich Müller und Firmenchef Krupp.

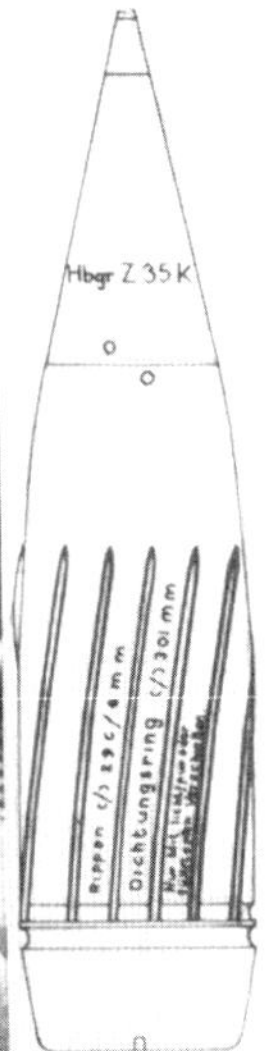

Schon die äußere Form des Geschützes signalisiert eine ausgereifte Konstruktion.

Unten: Kraftzentrale und Munitionskran.

ein ursprünglich vorgesehenes Spannwerk konnte verzichtet werden, nachdem Versuche ein einwandfreies Verhalten des Rohres auch ohne diese Stabilisierung erbracht hatten. Das in einer üblichen Ringwiege befindliche Rohr lagerte mit den Schildzapfen unmittelbar auf den seitlichen Stahlträgern.

Die elektrisch angetriebene Höhenrichtmaschine, gespeist von der geschützeigenen Kraftzentrale, bewegte das Rohr bis auf plus 55 Grad. Während die grobe Seitenrichtung, wie üblich, entweder mittels Drehscheibe, Kreuzbettung oder Verschieben auf einer Gleiskurve erzielt wurde, nahm man die feine Seitenrichtung mit Hilfe der Rahmenlafette vor, die zu diesem Zweck um die Drehpfanne des hinteren Drehgestelles geschwenkt wurde. Das Seiteschwenken erfolgte elektrisch oder auch von Hand.

Eine Besonderheit vor dem Schießen bildete das Zurückziehen des hinteren Drehgestelles, um Raum zu schaffen für das zurücklaufende Rohr. Das Laden geschah unter Zuhilfenahme von Ladekran, -mulde und -karren. Der Ansetzer arbeitete so, daß die Führungsrippen des Geschosses in die Züge des Rohres »eingefädelt« wurden. Der Hülsenfänger schwenkte nach dem Schuß hinter das Rohr, um dort die ausgeworfene Kartuschhülse aufzu-

Feuernde »K 5«.

fangen. Die Munition wurde getrennt geladen. Die Treibladung bestand aus Hauptkartusche (Hülse) und drei Vorkartuschen (Beutel).

Das Standard-Sprenggeschoß (28 cm Gr. 35/Hbgr Z 35 K) besaß hinter den 12 Weicheisen-Führungsrippen einen Dichtungsring aus Kupfer und dahinter eine Ringnut, in die vor dem Schuß ein Dichtungsring aus Asbest und Graphit eingedrückt wurde (in ähnlicher Weise bereits beim »Paris-Geschütz« praktiziert, um die Treibladungsgase ohne Verluste auf das Geschoß einwirken zu lassen). Der Kopfzünder befand sich unter der ballistischen Haube. Anstelle des Aufschlagzünders konnte auch ein Doppelzünder verwendet werden. Die Sprengladung wog rund 30 kg.

Für das Vielzug-Rohr gab es ein Geschoß, das statt der Führungsrippen einen breiten Weichmetall-Führungsring aufwies (28 cm Gr 42/Kopfzünder/Hbgr Z 35 K). Für beide Rohrarten gab es noch sogenannte Einschieß-Geschosse, die in der Regel eine kleinere Sprengstoffmenge, dafür eine Zusatzfüllung zum Erzeugen von Signalrauch zwecks Beobachtung aus großer Entfernung oder Fliegerbeobachtung besaßen.

Beim ständigen Ringen um immer größere Schußweiten kam es bei Krupp, in der Raketenversuchsanstalt Peenemünde und anderen Firmen oder Institutionen zu einer Vielzahl von Spezialprojektilen. Darunter Geschosse mit Raketenzusatzantrieben (28 cm RGr 4331) für die K 5-Tiefzugrohre. Die Schußweite beim Verwenden des Standard-Sprenggeschosses betrug bei großer Ladung und einer V_0 von 1128 m/s rund 62 km. Beim Verschießen der Raketengranaten konnten Weiten bis zu 86,5 km erzielt werden. Allerdings lagen die Längen- und Breitenstreuungen außerhalb vertretbarer Grenzen: 3400×200 m! Ursache waren die Pendelbewegungen des Geschosses im Fluge, hervorgerufen durch das unregelmäßige Abbrennen des Raketentreibsatzes. Die wegen des Raketenmotors verringerte Sprengladung (nur noch 14 kg) setzte die Wirkung dieser Geschosse bis zur Bedeutungslosigkeit herab.

Eine Weitschuß-Expertenkommission setzte denn auch letztlich auf ein Projekt, das Wernher von Brauns Mannschaft in der Heeresversuchsanstalt Peenemünde entwikkelt hatte: das pfeilstabilisierte unterkalibrige Treibspiegelgeschoß, besser bekannt als das sogenannte Peenemünder Pfeilgeschoß (PP-Geschoß). Ohne auf die zahlreichen deutschen Entwicklungen der verschiedensten Treibspiegelgeschoß-Gruppen einzugehen, sei hier kurz das Treibspiegelprinzip in Erinnerung gerufen. Es handelt sich dabei um ein Geschoß von geringerem Kaliber als für das jeweilige Rohr übliche. Der Effekt: Das Geschoß ist leichter und beschleunigt damit rascher auf hohe Anfangsgeschwindigkeit. Lediglich der Geschoßboden ist vollkalibrig, damit die Treibladungsgase voll auf ihn wirken können. Am vorderen Teil des Geschosses sorgen Stützwarzen für die innige Geschoß-Rohr-Fühlung.

Beim Peenemünder Pfeilgeschoß, die vielversprechendste Entwicklung auf dem Gebiet weitreichender Hochgeschwindigkeitsprojektile, war das Treibspiegelprinzip kombiniert mit einer Leitwerkstabilisierung. Das PP-Geschoß in seiner bestentwickelten Form besaß ein kalibergleiches Leitwerk, dessen vier Weicheisen-Spitzen stramm ins Rohr paßten. In der Mitte des Geschosses befand sich der Stütz- beziehungsweise Treibring. Er diente als Führung und zur Übertragung der Treibgase auf das Geschoß gleichermaßen. Nach Verlassen des Rohres löste sich der Treibring und fiel zu Boden. Das schlanke und leitwerkbewehrte Geschoß war ballistisch stabil. Die für die K 5 (Glatt) produzierten Pfeilgeschosse erreichten Weiten von 90 km – bei nur geringer Streuung.

Eine K 5-Batterie führte auf ihrem Marsch im Normalfall einen Geschütz- und einen Drehscheibenzug mit sich. Der Geschützzug bestand in der Regel aus Transportlok (Baureihe 50), Geschütz, klimatisiertem Munitionswagen (Temperierwagen), zwei Geschoß- und zwei Kartuschwagen, einer Diesellok für Verschiebefahrten in der Feuerstellung, einem Feuerleitwagen, einem Zubehör- und Werkzeugwagen, einem Flak- sowie einem Küchenwagen. Zum Drehscheibenzug gehörten die Transportlok, zwei Wagen mit der zerlegten Drehscheibe und Gleisteilen, Kran-, Werkstatt- und Flakwagen und eventuell weitere Munitionswagen sowie Mannschaftstransportwagen und sieben bis neun Wagen für Kfz und Ersatzteile.

Wie alle E-Batterien übten auch die K 5-Batterien auf dem Heeresversuchsschießplatz Rügenwalde 3 an der pommerschen Ostseeküste (zwischen Kolberg und Stolp). Dieser vom Heereswaffenamt erkundete Platz diente überdies für ballistische Versuche, Schußtafelschießen und Abnahmebeschüsse. Nur dieser Schießplatz direkt an der Küste erfüllte wegen der nötigen Schußweiten die Anforderungen:

- genügende Entfernung von allen Gebäuden (4–5 km) wegen Schußschäden durch Erschütterung;
- leichte Absperrmöglichkeiten der Schußbahn (Ostsee bzw. parallel zum Küstenverlauf) und Sicherung gegen Spionage;
- leichte Peilmöglichkeit gegen die Schußbahn (Besetzung der Küste mit Meßtrupps).

K 5-Batterien nahmen an allen größeren Feldzügen teil, standen an der französischen Kanalküste und waren während des Krieges an fast allen Frontabschnitten mit artilleristischen Schwerpunktbildungen anzutreffen. Einem Einsatz gingen regelmäßig umfangreiche Erkundungen voraus, damit dieses artilleristische Großgerät aus möglichst sicheren Stellungen heraus optimal wirken konnte.

Einen Eindruck von charakteristischen Vorbereitungen vermittelt der »Befehl für den Einsatz von E-Artl. ... (Geheime Kommandosache)« des OKH vom 14. April 1941. Auszüge: »Es ist beabsichtigt, den Heeresgruppen für ›Barbarossa‹ folgende Einheiten zuzuweisen und bis zu den Einsatzorten zuzuführen: ... der Heeresgruppe Mitte:

»K 5« beim Herausfahren aus einem sogenannten »Dom-Bunker« im Raum Calais.

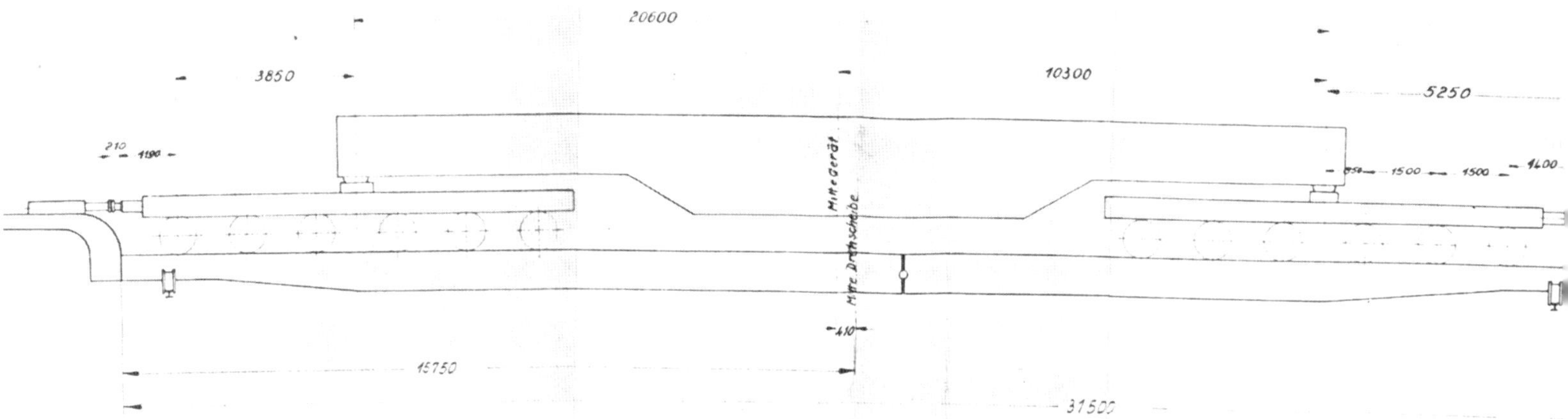

Geschütz auf »Vögele«-Drehscheibe (Original-Krupp-Zeichnung).

Eisenbahn-Artl.-Abt. Stab 702 von Calais n. ostw. Siedlce, E-Bttr. 710 (2 Gesch. K 5), E-Bttr. 713 (1 Gesch. K 5) von Boulogne n. ostw. Siedlce ... Die Erkundung ... hat ergeben: Die Stellung bei ... befindet sich unmittelbar an der Grenze und bietet keine Deckung gegen Sicht. Sie ist daher ungeeignet ... Die Strecke von Mazity bis Belzec kann freigegeben werden. Bereitstellungsräume sind vorhanden. Zu den Stellungsvorbereitungen wird 1 Eisb-.Pi. Btl. etwa zwei bis drei Wochen benötigt. Zwischen Belzec-Podlesina befinden sich, durch Wald gegen Sicht gedeckt, zahlreiche Stellungen auf Kurven; die übrigen Stellungen liegen weiter westlich und sind ebenfalls gegen Sicht gedeckt. Auf Kurvenstellung zwischen Belzec–Podlesina oder auf Schwenkbahnbettung bei Zagrodniki kann je 1 Btt. Bruno N, auf Kreuzbettung bei Zagrodniki oder Mazity 1 Btt. K 12 eingesetzt werden ... Die Strecke Verbkovice–Hrubieszow kann zwar freigegeben werden, da sie als Nachschubstrecke nicht infrage kommt, besitzt aber unzureichenden Oberbau und ist daher ungeeignet.«

Die zunehmende Beherrschung des Luftraumes durch die Alliierten machte es der E-Artillerie an allen Fronten immer schwerer, ihre Geschütze wirkungsvoll einzusetzen. Gleiszerstörungen schränkten Bewegungen der Batterien und deren Versorgung gleichermaßen ein. Vom Gegner aufgeklärte Bettungen und Kurvenstellungen stellten bevorzugte Ziele der feindlichen Flugzeuge dar.

Im Jahre 1943 beschäftigte sich das Heer mit einem buchstäblichen »Ausweich-Projekt«. Es hatte zum Ziel, zumindest die K 5 bedingt gleisunabhängig zu machen. Im Falle zerstörter Gleiswege sollte das Geschütz, zerlegt in drei Einzellasten und auf Selbstfahrlafetten (Panzer) verlastet, die unbefahrbar gewordenen Gleisabschnitte im Gelände umgehen. Derartige Pläne erhellen, wie sehr sich das Eisenbahngeschütz als solches inzwischen überlebt hatte.

Da muten die »Prognosen für Fernschuß-Geräte« des Heereswaffenamtes vom 25. November 1943 geradezu utopisch an. Über Entwicklung und Einsatz der K 5 mit glattem Rohr heißt es dort unter anderem: »Geschütze und Munition Abschluß voraussichtlich Frühjahr '44. Einmalige Beschaffung von 10 Geschützen. Lebensdauer je Rohr 500 Schuß geschätzt; demnach insgesamt 5000 Schuß möglich. Auslieferung der 10 Rohre frühestens 1. 4. 44. Munition: 500 Schuß pro Monat, früheste Auslieferung der 1. Rate 1. 4. 44. Steigerung möglich.«

Symptomatisch für die Lage der E-Artillerie gegen Ende des Krieges sind die Umstände an der Anzio-Front in Italien 1944. Nach anfänglichen Abwehrerfolgen gegen die 1. US-Armee – die deutschen Verteidiger ließen ihren aus K 5-Geschützen bestehenden »Anzio-Expreß« gegen die Amerikaner rollen und feuern – fielen die beiden K 5 nach konzentrierten Gleisbombardierungen in Feindeshand; die Amerikaner hatten ihnen den Rückweg im wahrsten Sinne des Wortes abgeschnitten. Eines der gewichtigen Beutestücke (Geschützeigenname »Leopold«) schafften die Amerikaner an Bord eines Truppentransporters in die USA. Es steht heute auf dem Freigelände des Armeemuseums in Aberdeen/Maryland (Prouving Ground), wird regelmäßig mit neuem Farbanstrich und Beschriftung (deutsch) versehen und ist ein vielbeachtetes Ausstellungsstück – das letzte überhaupt noch vorhandene deutsche E-Geschütz in restauriertem Zustand.

Die von den Amerikanern erbeutete »K 5« im US-Armeemuseum Aberdeen (Kraftzentrale und Munitionskran fehlen).

Hinweisschild am Geschütz.

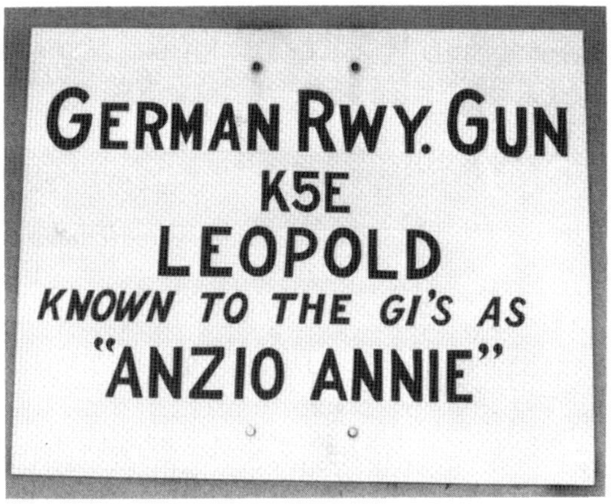

Geschütz von vorne...

Mitte: Vorderes Drehgestell.

Unten: Hinteres Drehgestell.

… und von hinten.

Drehgestelldetail.

Die wichtigsten Daten und Leistungen

Gewicht in Feuerstellung:	218 t
Rohrlänge:	21,5 m (Seele: 20,5 m)
Seitenrichtbereich:	1 Grad auf Lafette, 360 Grad auf Drehscheibe
Höhenrichtbereich:	0 Grad bis +55 Grad
Rohre mit	Tiefzug 10 mm Tiefzug 7 mm Vielzug mit konischem Rohr Glatt mit Kaliber 31 cm
Länge über alles:	41,2 m
Geschoßgewicht:	255,5 kg (PP-Geschoß: 136 kg)
Höchstschußweite:	62,2 km (bei großer Ladung und einer V_0 von 1128 m/s / Sprenggeschoß mit Führungsrippen) 86,5 km (bei großer Ladung mit einer V_0 von 1130 m/s / Geschoß mit Raketenzusatzantrieb) 150 km (bei großer Ladung und einer V_0 von 1524 m/s / PP-Geschoß aus glattem Rohr)
PP-Geschoß –	Gewicht: 136 kg Kaliber: 12 cm Länge: 1,9 m Treibring abwerfbar, dreiteilig Leitwerk mit 4 Flügeln
Treibladung Gewicht	Hauptkartusche: 60,5 kg 1. Vorkartusche: 46,2 kg 2. Vorkartusche: 46,2 kg 3. Vorkartusche: 21,0 kg
Kleine Ladung:	Hauptkartusche und 1. und 2. Vorkartusche.
Große Ladung:	Hauptkartusche und die drei Vorkartuschen.

Für das Peenemünder Pfeilgeschoß erhöhte sich die Treibladung auf insgesamt 250 kg.

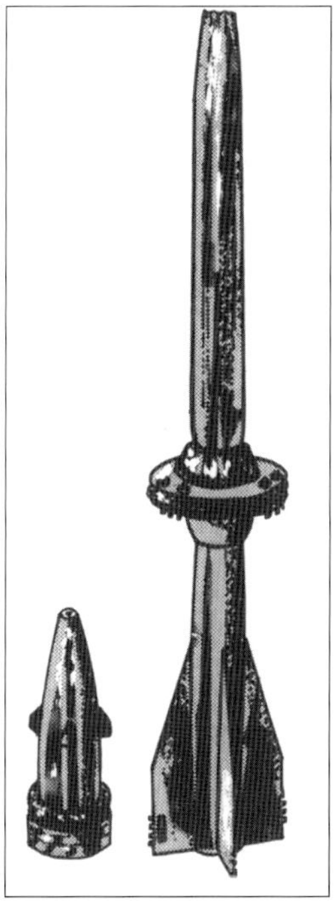

Auf der Suche nach größeren Schußweiten: Treibspiegelgeschoß (links) und »Peenemünder Pfeilgeschoß« (hier ohne Spitze).

»Siegfried«-Geschütz

Die 38-cm-Kanone in Eisenbahnlafette »Siegfried« (38 cm Siegfried K [E]) war das größte deutsche E-Geschütz, das noch »in einem Stück« auf herkömmlichen Strecken des öffentlichen Eisenbahnnetzes gefahren werden konnte (Transit-Profil). Professor Dr.-Ing. Erich Müller (»Kanonen-Müller«), Chefkonstrukteur und Leiter der Artillerie-Abteilung bei Krupp, hielt das »Siegfried«-Kaliber gerade noch vertretbar für auf allen Strecken fahrbare E-Geschütze (auch die »Max«-Kanonen des Ersten Weltkrieges besaßen bezeichnenderweise 38-cm-Rohre).

Professor Dr.-Ing. Erich Müller (»Kanonen-Müller«).

Von den laut »Fertigungsplan« vorgesehenen sieben »Siegfried«-Geschützen in E-Lafette baute Krupp vier, von denen allerdings nur drei zur Truppe gelangten (1942/43). Man griff bei dieser Waffe zwar auf Marinerohre (38 cm SK C/34) zurück, aber zur Einlagerung in die E-Lafetten erfuhren die Rohre erhebliche Änderungen insbesondere beim Bodenstück, im Bereich der Wiege und des Hornringes.

Das Geschütz lief auf zwei achtachsigen Drehgestellen, war knapp 32 m lang und wog in der Feuerstellung 294 t. Während der Fahrt befand sich das rund 20 m lange Rohr in Transport- beziehungsweise Fahrstellung, das heißt, es war um etwa sechs Meter zurückgezogen und auf einem Träger festgelegt. Zum Eigenantrieb und für Verschiebefahrten besaß »Siegfried« vier Gleichstrom-Nebenschlußmotoren, die sich an den beiden Endachsen jedes Drehgestelles befanden. Den elektrischen Strom für die Motoren sowie zum Betrieb der übrigen elektrischen Geschützeinrichtungen erzeugte die Kraftzentrale. Sie wurde im

38-cm-Eisenbahngeschütz »Siegfried« (Rohr in Ladestellung).

Geschütz auf Gleisklaue.

Rohr bei 45 Grad Erhöhung (rechte Geschützseite).

Linke Geschützseite.

Geschützzug mitgeführt und erst in der Feuerstellung auf den hinteren Teil des Geschützes geschoben.
Auf den beiden Drehgestellen lagerte in Kugelpfannen der Lafettenrahmen aus zwei durchgehenden seitlichen Trägern, die mittels Querträger miteinander verbunden waren. Der Lafettenrahmen mit seinen Schildzapfenlagern trug die Wiege mit Rohr, die Höhenrichtanlage sowie den Richtstand. Im oberen Teil der Wiege glitt das Rohr beim Schuß. Die beiden hydraulischen Rohrbremsen und der Luftvorholer befanden sich unterhalb des Rohres in der Wiege.
Die Plattform für die Bedienungsmannschaft, die Ladebühne, bestand aus klappbaren Gitterrahmen. Durch ihr Beiseiteklappen schaffte man Platz für das Rohr in Fahrstellung und für den Rohrrücklauf beim Feuern. Auf der Ladebühne verliefen die Schienen für den Ladekarren. Der abklappbare Richtstand war an der linken Seite des Lafettenrahmens angebracht. Vom Richtstand aus erfolgte das Bedienen der geschütztypischen elektrischen und mechanischen Vorrichtungen. Der schwenkbare Ladekran an der Rückwand der Kraftzentrale förderte die Munition, indem er Geschoß- und Kartuschmulde auf den Ladekarren setzte, der seinerseits über die Schienen der Ladebühne bis hinter das Schluß- beziehungsweise Bodenstück gefahren wurde.
Um eine Vorstellung zu geben, wie und in welchem Maße schwere E-Geschütze von elektrischer Energie abhängig waren, hier für speziell Interessierte Auszüge aus der »Beschreibung der elektrischen Einrichtung des Geschützes Siegfried« der Firma Krupp:

Die elektr. Einrichtung umfaßt die Teile für
I. Höhenrichtanlage und Fahrantrieb
II. Munitionsaufzug
III. Pumpe für Rohrverschiebung

1.) Höhenrichtanlage und Fahrwerk
Höhenrichtanlage und Fahrantrieb haben einen elektr. Antrieb. Kennzeichnend für die Spezial-Leonardschaltung ist, daß dem Feld des Leonardgenerators in Abzweigschaltung eine Spannung zugeführt wird, der stets die halbe Ankerspannung des Generators gegengeschaltet ist. Es liegt also in jedem Betriebsfalle die Differenzspannung aus der gesteuerten Spannung und der halben Ankerspannung am Generatorfeld. Die erwähnte halbe Ankerspannung wird von einem Schleifring, dem sog. Sengelring, der vor dem Kollektor am Generator aufgebaut ist, abgenommen. Der Sengelring ist an einer Kollektorlamelle angeschlossen. Seine Spannung ist eine Wechselspannung, deren mittlerer Wert gleich der mittleren Spannung des Ankers ist. Die Erregung des Leonardgenerators wird mittels des Fahrtreglers, in Abzweigschaltung geregelt. Die Kontaktbahn des Reglers ist als Kollektor ausgebildet, um die zu einem großen Regelbereich notwendige Anzahl von Schaltstufen unterzubringen. Zwischen den einzelnen Lamellen des Kollektors sind die Widerstandsstufen angeschlossen. Je 2 entgegengesetzt von der Null-Lage des Kollektors gleich weit entfernte Lamellen sind untereinander verbunden. Dadurch werden beim Verdrehen des Handrades um gleiche Winkel nach rechts oder links stets gleich große Widerstände eingeschaltet, und somit nach beiden Seiten gleich große Geschwindigkeiten beim Höhenrichten bzw. Fahren erzielt. In der Nullage des Fahrtreglers wird durch die Abzweigschaltung eine Selbstmordwirkung des elektr. Antriebes erzielt, d. h., einem etwa noch bestehenden Generatorfeld bleibt die dadurch erzeugte Ankerspannung gegengeschaltet, sodaß das Generatorfeld durch die Ankerspannung vernichtet wird. Um die Belastung und die äußeren Abmessungen des Fahrtreglers zu verkleinern, wird ein Teil des Erregerstromes dem Leonardgenerator als Selbsterregung entnommen.
Zum Antrieb der Höhenrichtanlage gehört ein Gleichstrom-Nebenschlußmotor Type aGHV 243/20 für 360 Volt 1100 U/min.
Leistung: 50 kW bei 30 % ED
Fremderregung: 220 Volt ohne Wendepole,
der direkt gesteuert wird von einem Doppelgenerator bestehend aus:
a) 1 Gleichstrom-Kompound-Generator, Konstant-Spannungsgenerator Type aGM 195/10 für 220 Volt, 136 Amp.
Leistung: 30 kW bei 1800 U/min., mit Wendepolen und Reihenschlußwicklung und
b) 1 Gleichstrom-Kompound-Generator (Leonardgenerator) Type aGM 195/23 für ± 360 Volt, 146 Amp.
Leistung: 52 kW, bei 30 % ED, für 1800 U/min. mit Wendepolen, Nebenschlußwicklung, Reihenschlußwicklung, für etwa 3-fachen Generatorwiderstand, Remanenzbügeln, Messingblechen unter den Hauptpolen, lamellierter Joch, Polschrauben aus Messing und Dämpferwicklung. Ausführung mit Sengelring.

Der Generator aGM 195/10 erzeugt in Selbsterregung eine Konstantspannung von 220 Volt zur Erregung der Felder des Leonardgenerators, des Höhenrichtmotors und der Fahrantriebsmotoren. Die Konstantspannung dient ferner zur Speisung des Pumpenmotors, des Aufzugmotors und der Bremslüftmagnete und Relaisspulen. Für den Höhenrichtmotor und die 4 Fahrantriebsmotoren ist die Erregerspannung konstant.

Das Umsteuern der in Leonardschaltung angetriebenen Motoren wird durch Umkehren der Erregung des Generators bewirkt. Um das Einfahren des Rohres mit voller Geschwindigkeit in die obere bzw. untere Hartlage zu vermeiden, sind Verzögerungs- und Endschalter vorgesehen. Die 3stufigen Verzögerungs- und Endschalter schalten in den beiden ersten Stufen nacheinander Widerstände in die Erregung des Generators, was einem Zurückführen des Fahrtreglerhandrades gleichkommt. Beim Erreichen der oberen bzw. der unteren Hartlage unterbricht die letzte Stufe der Endschalter die Erregung des Generators und schaltet gleichzeitig den Bremslüftmagneten und die Zugspule des Selbstmordschutzes ab. Der Leonardgenerator ist durch ein Maximal-Relais und ein Überspannungsrelais gesichert. Das Maximal-Relais spricht bei großen Stromstößen an, wie sie bei zu plötzlichem Umsteuern oder bei Störungen im Getriebe auftreten können. Ein Versagen des Ausgleichers hat Überstrom zur Folge, falls der Motor auffahren will. Fährt der Motor jedoch abwärts, so kann bei Ausfall des Ausgleichers eine Überdrehzahl des Höhenrichtmotors auftreten, ohne daß ein Überstrom auftritt. In diesem Falle spricht das Überspannungsrelais an und bringt den Antrieb zum Stillstand.

Zwecks weitgehender Sicherung des Höhenrichtbetriebes sind in den Stromkreis des Zwischenrelais folgende in Reihe geschaltete Verblockungen eingefügt:

Ausschalter am Richtstand
Sperrschalter am Hilfsantrieb
Sperrschalter am Verschluß
Sperrschalter an der Ladeklappe
Sperrschalter an der Wiege.

Die Verblockungen werden durch einen Kontakt im Umschalter unwirksam gemacht, wenn der Umschalter auf Fahren gelegt wird. Um das Fahrwerk in der oberen und vor allem in der unteren Endlage des Rohres nach beiden Richtungen fahren zu können, sind weitere Kontakte im Umschalter vorgesehen, die die End- und Verzögerungsschalter für den Fahrantrieb unwirksam machen. In die Höhenrichtanlage sind eine Haltebremse und eine Sicherheitsbremse eingebaut mit den zugehörigen Bremslüftmagneten. Der Haltebremslüftmagnet wird durch einen Nockenschalter im Fahrtregler ein- oder ausgeschaltet. Die Bremse fällt ein, wenn der Fahrtregler in die Nullage gebracht wird. Der Sicherheits-Bremslüftmagnet liegt nur bei besonderen Störungen auf. Er wird durch das Zwischenrelais geschaltet. Wenn nicht gefahren wird, ist auch der Sicherheits-Bremslüftmagnet durch Schalten des Ausschalters auf »Aus« möglichst zum Aufliegen zu bringen. Wenn irgend eine Bremse einfällt, wird auch das Selbstmordgeschütz zum Abfallen gebracht, dadurch wird die Fremderregung des Generators abgeschaltet und Selbstmord des elektr. Antriebes herbeigeführt.

Fahrantrieb:

Beim Umlegen des Umschalters auf Fahren wird der Ankerstrom des Leonardgenerators auf die 4 Gleichstrom-Nebenschlußmotoren des Fahrantriebes gelegt. Die 4 Motoren sind parallel geschaltet. Als Antriebsmotor wird verwandt: Type UKA 75a für 330 Volt, 17 kW, 60 Amp. bei 30 % ED, 1500 U/min., 220 Volt Fremderregung. Damit bei auftretender Last das Moment sich einigermaßen gleichmäßig auf die parallel geschalteten Motoren verteilt, ist ein Widerstandskasten vorgesehen, der einen Ankerwiderstand enthält, der so bemessen ist, daß bei Nennstrom die Tourenzahl der Motoren gut 10 % abfällt. Die Felder der Fahrmotoren sind mit 220 Volt konstant erregt. Wichtig ist, daß die Getriebe der Fahrmotoren sowohl beim Schuß wie auch beim Fahren des Gerätes mittels Lokomotive stets abgekuppelt werden.

2.) Munitionsaufzug:

Als Antrieb des Aufzuges dient ein Gleichstrom-Kompound-Hubmotor für 220 Volt, 4,5 kW. Die Steuerung der Auf- und Abfahrt erfolgt durch einen Regulierkontroller. Bei Auffahrt wird durch Auslegen des Handrades nach rechts und bei Abfahrt durch Auslegen des Handrades nach links über einen Kontakt im Kontroller der Stromkreis der Schützspule des Netzschützes geschlossen. Das Netzschütz spricht an und legt Anker- und Hauptstromwicklung an Spannung. Gleichzeitig wird auch die Nebenschlußwicklung an Spannung gelegt. Die Hub-

bzw. Senkgeschwindigkeit wird durch Zu- und Abschalten von Widerständen im Ankerstromkreis in 3 Stufen reguliert. Die Umkehrung der Fahrtrichtung erfolgt durch Umpolung des Ankerstroms im Kontroller. Um den Hubmotor nicht über eine bestimmte Hub- bzw. Senkhöhe fahren zu lassen, ist ein Hub-Senk-Endschalter vorgesehen. Er liegt im Stromkreis der Schützspule und schaltet das Netzschütz bei Erreichung der Endstellungen ab. Der Motoranker wird dann nicht mehr im magnetischen Feld festgehalten und durch Federkraft in eine Konusbremse gedrückt. Außerdem ist noch ein Verblockungskontakt vorgesehen, der den Stromkreis der Schützspule bei Handbetrieb unterbricht.

3.) Pumpe für Rohrverschiebung:
Als Antrieb der Pumpe, die im hinteren Teil der Oberlafette eingebaut ist, dient ein Gleichstrom-Nebenschlußmotor, der durch einen Flachbahnanlasser an der Wiege in Betrieb genommen wird. Der Antrieb ist ohne Besonderheit. Er hat eine Verblockung am Ausgleicher.

Höhenrichtmaschine.

Das »Siegfried«-Geschütz verschoß vorrangig die 800 kg schwere Sprenggranate 38 cm Sprgr L/4,6 m KZmHb. Das mit einem Kopfzünder und ballistischer Haube versehene Geschoß trug 69 kg Sprengstoff und erreichte bei großer Ladung und einer V_0 von 820 m/s eine Höchstschußweite von 42 km. Eine weitere 800-kg-Granate (38 cm Sprgr L/4,5 m BdZmHb) kam als panzerbrechendes Sprenggeschoß mit Bodenzünder zum Einsatz.
Die sogenannte 495-kg-»Siegfried«-Granate war eine Heereskonstruktion (38 cm Sprgr L/4,5 m KZ und BdZmHb). Die Sprengladung betrug 48 kg. Bei größter

Höhenrichtgetriebe.

Blick auf Kreuzkopf mit Gleitbahn und Stangen.

Zieleinrichtung in Anbauvorrichtung hängend.

Links:
Wiege.

Rechts:
Wiege mit Rohr.

Bedienungsseite des Lade- bzw. Munitionskrans.

»Spezial-Siegfried-Ladung« (Haupt- und Vorkartusche = 300 kg) und einer V_0 von 1050 m/s flog dieses Langstrekken-Projektil maximal 55,7 km weit. Auch für »Siegfried« wurde ein Geschoß mit Raketenzusatzantrieb entwickelt. Es sollte Schußweiten von 68 km erreichen.

Im Geschützzug fuhren neben den üblichen Mannschafts-, Drehscheiben-, Zubehör-, Werkstatt-, Kfz- und Flakwagen eine Reihe spezieller Munitionsfahrzeuge: hauptsächlich Geschoß- und Kartuschwagen, Temperierwagen, Munitionszubringerwagen sowie Waggons für die Geschoßmulden und Munitionszubringerbrücke.

Ein Geschoßwagen transportierte entweder 24 leichte (495 kg) oder 16 schwere (800 kg) Granaten. Der Kran des Geschoßwagens diente zum Beladen der Geschoßmulden. Diese lorenartigen Transporthilfen rollten die Geschosse vom Zubringerwagen über die Zubringerbrücke zum Geschütz, wo sie vom Munitionskran auf die Ladebühne gehievt wurden.

Ein (panzerblechverkleideter) Kartuschwagen nahm 21 Vor- und 21 Hauptkartuschen auf. Zwei in Deckenschienen verschiebbare Laufwinden dienten zum Beladen der Kartuschmulden (Funktion entsprechend der Geschoßmulden). Im Temperierwagen wurde je nach Bedarf entweder Heiz- oder Kühlluft erzeugt, um das Treibladungspulver in den Kartuschwagen auf eine bestimmte gleichmäßige Temperatur abzukühlen oder anzuwärmen. Zu diesem Zweck standen Temperier- und Kartuschwagen mit je zwei Luftschläuchen in Verbindung.

Die erforderliche Gleislänge von rund 50 m, auf der die zwei Kartusch- und der Temperierwagen standen, mußte möglichst gerade sein und durfte, wenn ein Aufstellen in Kurve unumgänglich war, einen Halbmesser von 150 m nicht unterschreiten. Das mag belanglos erscheinen. Solche Details aber spielten beim Erkunden einer Feuerstellung eine wichtige Rolle und verdeutlichen einmal mehr, was alles zu berücksichtigen war, ehe ein schweres E-Geschütz seinen ersten Schuß abgeben konnte.

Der Munitionszubringerwagen transportierte vorrangig Geschosse und Kartuschwagen von den rückwärtig abgestellten Munitionswagen in die Feuerstellung. Er war als Triebwagen ausgelegt, wobei der im Untergestell befindli-

Ladekarren mit Mulde und Hauptkartusche.

che Fahrantrieb vom Führerhaus auf dem hinteren Teil des Wagens aus bedient wurde. Während der Eisenbahnfahrt beförderte der Triebwagen auf seiner Plattform Geschoß- und Kartuschmulden sowie die Kraftzentrale des Geschützes.

Die Munitionszubringerbrücke stellte die Verbindung her zwischen dem Munitionszubringerwagen und dem Gleisringwagen. Dieser wiederum brachte die Munition zum Geschütz, wenn dieses auf Drehscheibe stand und der Winkel zwischen Zuführgleis und Schwenkträger mehr als zehn Grad betrug.

Hülsenfänger in Auffangstellung.

Bedienungsstand der Kraftzentrale.

Kraftzentrale.

Detail vorderes Drehgestell.

Richtstand und Steuerung
der Rohrverschiebeeinrichtung.

Pumpenanlage
zur Rohrverschiebeeinrichtung.

Rohr in die Fahrstellung zurückgezogen.

Tarnung des Geschützes für die Fahrt.

▷ Fahrantrieb und Kupplung des vorderen Drehgestells.

Geschütz auf »Vögele«-Drehscheibe.

Zerstörtes Geschütz 1945.

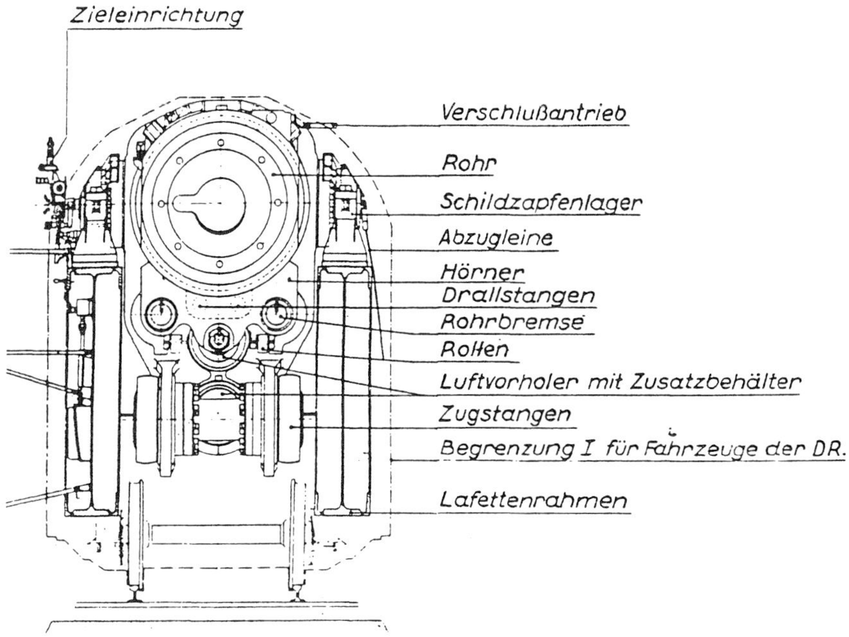

Hinterer Geschützbereich.

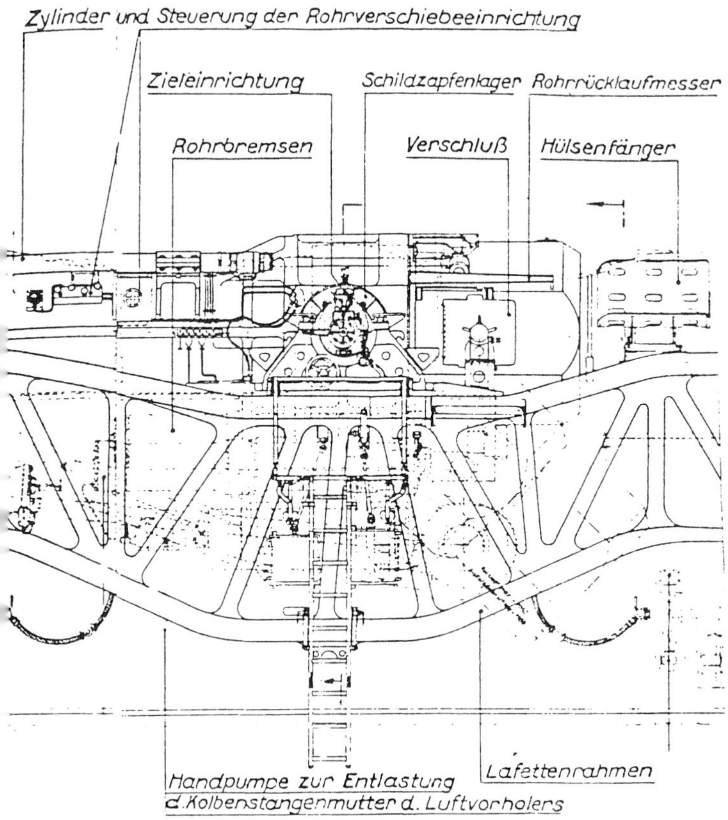

Mittelbereich.

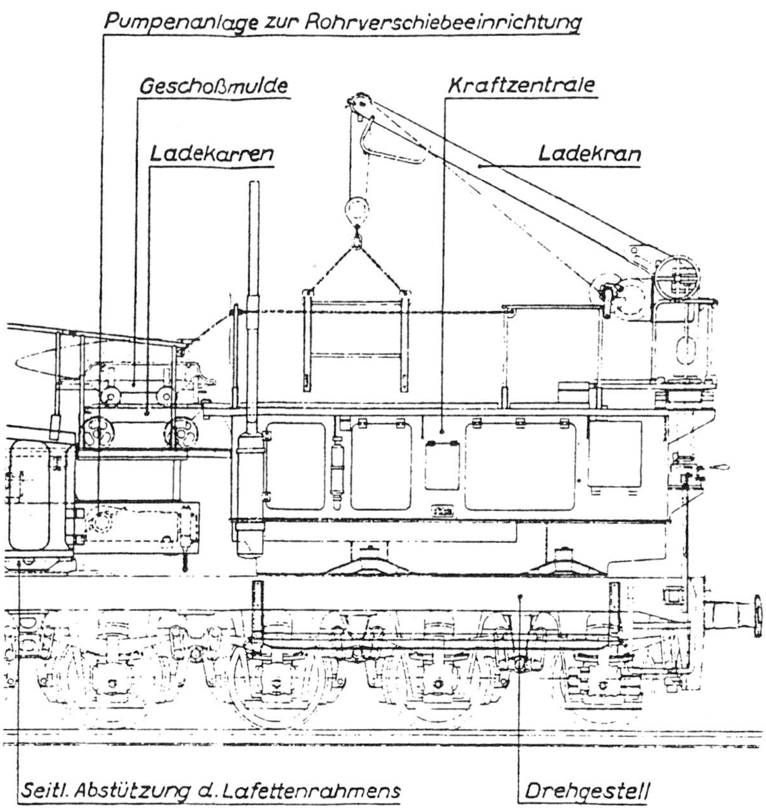

Ladebereich.

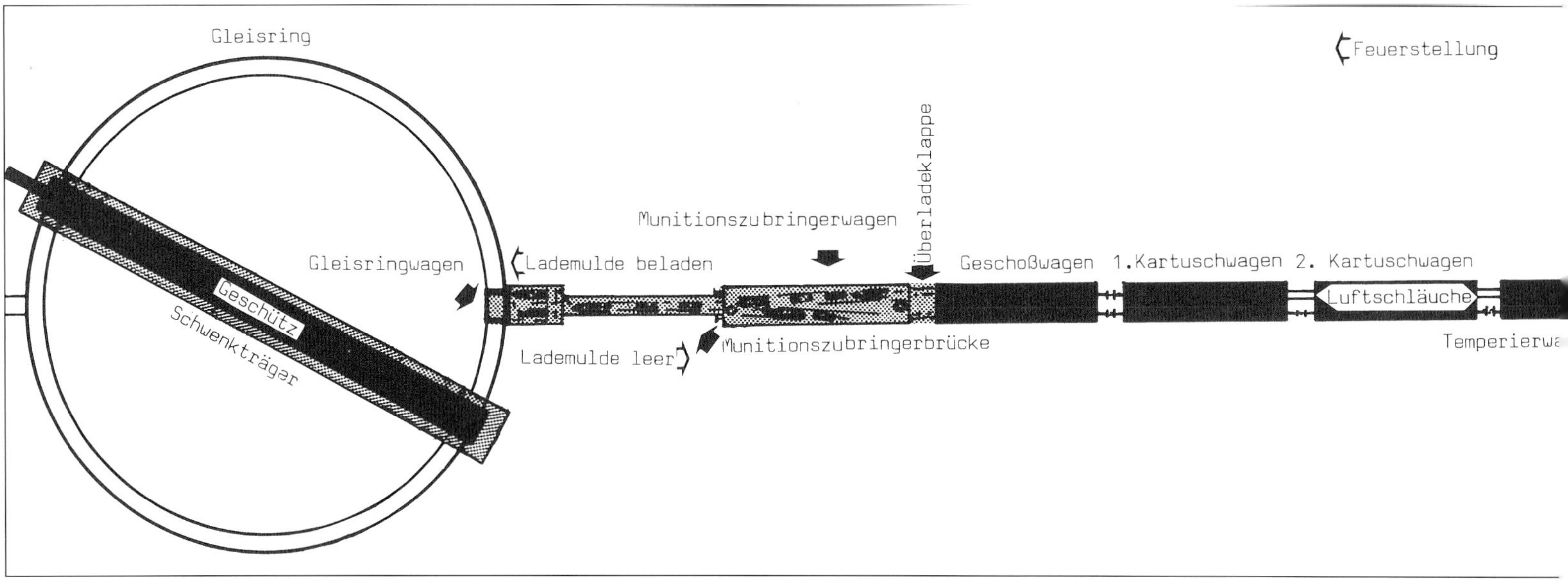

Schema Wagen- und Brückenaufbau beim Schießen von der Drehscheibe.

Die »Siegfried«-Geschütze in den Batterien 686 und 698 fanden Verwendung beim Bekämpfen des englischen Seeverkehrs an der Kanalküste sowie bei der Heeres-Gruppe Mitte im Osten.

Noch am 3. November 1944, als die westlichen Alliierten längst auf deutschem Boden kämpften und der Krieg für das Reich endgültig verloren war, schlug der General der Artillerie vor, »zur Erfüllung der Führerforderung auf stärkste Artillerie-Schwerpunktbildung« folgende Teile der E-Artillerie dem Oberbefehlshaber West zuzuführen: »a) Battr. 712 (2 K 5 V) bereitgestellt am Gardasee; b) Battr. 695 mit 2 K 5 V; c) Battr. 686 mit 2 Siegfr., z. Zt. eingesetzt bei H. Gr. Mitte … Erforderlich hierzu ist beschleunigte Fertigstellung bis Mitte November a) von 3 K 5 Vielzugrohren … b) 1 Siegfr.-Gerät.« Bei dem erwähnten »Siegfried«-Geschütz handelte es sich um das einzige noch vorhandene Gerät; die beiden anderen waren in Frankreich verlorengegangen.

40,6-cm-Schiffskanone »Adolf« in Turmlafette; hier während der Bauarbeiten für die Batterie »Lindemann« in der Nähe von Sangatte, etwa 15 km südlich von Calais.

Eine in der Literatur wiederholt erwähnte 40,6-cm-Kanone in E-Lafette »Adolf« hat es nicht gegeben. Zwar war es der Wunsch Hitlers, ein Marinerohr 40,6 cm SK C/34 in eine E-Lafette einzulagern, jedoch wurden die Arbeiten daran auf Drängen von »Kanonen-Müller« und des Heereswaffenamtes eingestellt (um unter anderem die Kalibervielfalt nicht noch mehr anschwellen zu lassen). »Adolf«-Kanonen gelangten allerdings als ortsfeste Küstengeschütze zum Einsatz, so etwa am Atlantik-Wall und in Norwegen.

Feuernde »Adolf«-Kanone in Norwegen.

»Adolf«-Geschoß in einem Museum (Pfeil).

Maße und ballistische Angaben (nach Original-Krupp-Unterlagen)

Rohr	(Kaliber)	38 cm
	Länge	19,6 m
	Länge der Seele	18,4 m
Züge	Anzahl	90
	Tiefe	4,5 mm
	Breite	7,56 mm
Felderbreite		5,7 mm
Verbrennungsraum	Länge	2,4 m
	Inhalt	361,7 dm^3
Geschoßgewicht	(»Siegfried«-Granate)	495 kg
Ladung		300 kg
Anfangsgeschwindigkeit		1050 m/s
Schußweite		55,7 km

Lafette

Höhenrichtfeld	0–800 Strich (52°)
Feuerhöhe über Schienenoberkante	3,3 m
Zahl der Radsätze eines Drehgestelles	8
Raddurchmesser	90 cm
Abstand der äußeren Achsen eines Drehgest.	10,5 m
Länge der Lafette über Puffer	31,3 m
Länge des Geschützes (Rohrmündung bis Puffer hinten) in Schußstellung	32,9 m
Achsdruck in Fahrstellung hinten	17,7 t
vorn	18,2 t
Kleinster Gleisbogen, aus dem geschossen werden darf Radius	180 m
Kleinster, normal zu befahrener Gleisbogen Radius	150 m
Kleinster Gleisbogen, durch den das Geschütz vorsichtig gezogen werden kann Radius	100 m
Steilste zu befahrene Rampe	Steigung 1:40 Auffahrt auf Drehscheibe mit Spezialrampe

Geschütz geht durch Transit-Profil
Geschütz darf nicht über Ablaufberge fahren

Gewichte

Geschütz in Fahrstellung mit Tarnung	287 t
Geschütz in Schußstellung einschl. Kraftzentrale, ohne Tarnung	294 t
Rohr mit Verschluß und Hörnern	105,3 t
Futterrohr	14,3 t
Verschlußkeil	2,8 t
Rohr mit vollständiger Wiege einschl. Flüssigkeit in den Zylindern	140,3 t
Wiege vollständig (ohne Rohr)	35 t
Wiege allein	24,4 t
Lafette vollständig mit Rohr, ohne Drehgestelle	225 t
Drehgestell mit Fahrantrieb je	30,5 t
Kraftzentrale mit Krananlage	8 t
Krananlage	1,1 t
Tarnung vollständig	1 t

Leistungen

Kleine Ladung und V_0 920 m/s Höchstschußweite	40 km	bei 495-kg-Gesch.
Große Ladung und V_0 1050 m/s Höchstschußweite	55,7 km	
Große Ladung und V_0 820 m/s Höchstschußweite	42 km	(bei 800-kg-Gesch.)

Gewichte/Treibladung

Normale Treibladung verteilt auf

Hauptkartusche	= 110 kg
Vorkartusche	= 101 kg

»Spezial-Siegfried-Ladung« verteilt auf

Hauptkartusche	= 133 kg
Vorkartusche	= 123 kg

Die 80-cm-Giganten »Dora« und »Schwerer Gustav 2«

Letzte Hypertrophie der Rohrartillerie

In der Morgendämmerung des 5. Juni 1942 walzt ein ungetümer grauer Stahlkoloß langsam aus seiner Hügeldeckung. Zwei Spezial-Diesel-Doppellokomotiven schieben das riesige Eisenbahngeschütz im Schrittempo in die doppelgleisige Schießkurve. 1350 Tonnen Kanonengewicht drücken die Spezialgleise in den Schotter. Die rollende Festung auf 80 Rädern hat die vorausberechnete Position erreicht. Die letzten Zentimeter, auf die kommt es tatsächlich entscheidend an, bewegt sich die Mammutwaffe mit Hilfe ihrer eigenen acht E-Motoren. Sie werden von der geschützeigenen Kraftzentrale gespeist.
Endlich steht der fast 50 Meter lange, sieben Meter breite und 11 Meter hohe Gigant feingerichtet exakt »auf dem Punkt«. Die beiden Loks haben mittlerweile einen Geschoß- und einen Kartuschwagen hinten an die Munitionsaufzüge des Geschützes geschoben. In dem Temperierwagen unmittelbar hinter dem Kartuschwagen wird Kühlluft erzeugt und durch dicke Schläuche in den Kartuschwagen gedrückt. Der linke Aufzug ächzt mit der ersten Panzergranate nach oben zur Ladebühne. Penibel ist ihr Gewicht zuvor von der Laboriermannschaft, bestehend aus Feuerwerkern und Ballistik-Experten, registriert worden: exakt 7088 Kilo. Der Hydraulik-Ansetzer drückt das überdimensionale Geschoß durch den übermannshohen Verschlußblock ins litfaßsäulengroße Rohr. Der rechte Aufzug schafft die Treibladung nach oben – zwei Beutelkartuschen und eine Hülsenkartusche, fast zwei Tonnen schwer und über viereinhalb Meter lang. Einschließlich Granate befinden sich nahezu neun Tonnen Stahl, Spreng- und Treibladungspulver im Rohr.
Die aus zwei Motoren bestehende Höhenrichtanlage bringt das gewaltige Rohr mit seinem brisanten Inhalt in die befohlene Erhöhung – 53 Grad. Mächtig wie ein Fabrikschornstein ragt es drohend in den diesigen Himmel. Um 5.35 Uhr ergeht Feuerbefehl. Der Zündstrahlverstärker der elektrischen Zündschraube schlägt eine über fünf Meter lange Zündflamme in die Mittelröhren der Kartuschen. Das spezielle Treibladungspulvergemisch mit einer extrem kurzen Verbrennungszeit verwandelt sich in ein explodierendes Inferno, ungeheure Energien werden freigesetzt. Die Gase drängen, suchen einen Ausgang und jagen dabei das 7-Tonnen-Projektil durch das Seelenrohr mit seinen 96 Zügen. Auf seinem langen Weg durch das Riesenrohr erhält das Geschoß seinen Drall und verläßt die Mündung mit einer Geschwindigkeit von 600 Metern in der Sekunde. Ein urweltliches Grollen und Krachen erfüllt die Feuerstellung. Meterlange gelbrote Stichflammen zukken aus dem Rohr.
Der grauschwarze Rauchpilz über der Mündung quillt rasch zu einer Riesenwolke auf, wabert noch eine Weile, ehe die morgendliche Brise aus Richtung Schwarzes Meer diese Abfeuerungsspuren davonträgt und auflöst. Die Vorholer ziehen das Rohr zeitlupengleich aus der Wiege, in die es sich gleichsam verkrochen zu haben schien. Die enormen Rückstoßkräfte haben das gesamte Geschütz erzittern lassen, noch Sekunden nach dem Schuß scheint es sich regelrecht zu schütteln. Das alles läuft natürlich in allerkürzester Zeit ab. Allein die Zündzeit beträgt nur knapp sechs Millisekunden.
Nach Verlassen des Rohres jagt das Geschoß mit seinem Gewicht von etwa sechs Mittelklassenwagen heutiger Art kilometerweit in die Höhe, beschreibt eine ballistische Kurve und schlägt nach einer Flugzeit von 44,8 Sekunden in einem steilen Winkel im 25 Kilometer entfernten Zielgebiet ein. Es verursacht dort, wie es in der ersten Meldung der B-Stelle lapidar heißt, »eine große Sprengwolke«.
Das artilleristische Schauspiel im Sommer 1942 vor Sewastopol ist dem ausgeprägten »Kanonendenken« Hit-

Dem »Kanonendenken« des Ersten Weltkrieges verhaftet: Wahlredner Hitler in den Krupp-Werken.

lers zu »verdanken«, dessen waffentechnisches Weltbild nach Urteil seines Rüstungsministers Albert Speer im Ersten Weltkrieg stehengeblieben ist. Schwere Artillerie und schwere Panzer stellten die Kernpunkte Hitlerscher Rüstungsplanung dar. Die in den »Speer-Protokollen« dokumentierten rund 2500 »Führer-Entscheidungen« belegen, daß Hitler der eigentliche Chef der Rüstung war und mit seiner berüchtigten Weisungsmanie die Waffenentwicklung und -produktion bis in die Details bestimmte oder beeinflußte.

Als Adolf Hitler 1936 bei seiner Waffenschmiede Krupp in Essen die Fertigung von Eisenbahngeschützen besichtigte, kam es zu einem angeregten Fachsimpeln mit »Kanonen-Müller«, wie Hitler den Chefkonstrukteur Dr. Erich Müller meist nannte. Hitler wußte natürlich, daß weder die in der Fertigung befindlichen noch die projektierten E-Kanonen in der Lage waren, die schweren Festungswerke der französischen Maginotlinie zu bezwingen.

Die NS-Propaganda hat die Maginotlinie als »unsichtbare chinesische Mauer«, auch als »unterirdische Stadt des Krieges« bezeichnet. Tatsächlich verliefen die Verbindungsstollen und tunnelartigen Bunkersysteme viele Meter unter der Erdoberfläche, reichten die mehrstöckigen Hauptwerke in Einzelfällen bis fast 100 Meter tief in den Berg. Die unterirdischen Blocks, Stollen, Kasematten, Magazine, Unterkunftsräume und Kommandozentralen besaßen eigene kleine E-Werke, um für längere Zeit autark sein zu können. Die eingelagerten Munitionsbestände,

Deutscher Infanterieangriff auf ein Werk der Maginotlinie.

Die »unterirdische Stadt des Krieges« heute: Bunker der Maginotlinie als Touristenattraktion.

Lebensmittel und andere Versorgungsgüter ermöglichten mindestens drei Monate »Leben in Beton«.

Die bis zu 280 Tonnen schweren Panzertürme, die Kampfstände mit Geschützen, Schnellfeuerkanonen und Granatwerfern hoben sich kaum aus dem Gelände ab, kündeten indessen von einem »Wunderwerk der Militärtechnik«. Das hat den Franzosen rund acht Milliarden Franc gekostet. 1935 hatte Frankreich seinen Damm gegen eine mögliche deutsche Angriffsflut im wesentlichen fertiggestellt. Im selben Jahr wurde das »Gesetz über den Aufbau der deutschen Wehrmacht« verkündet. Nach militärischer Auffassung sollte die Aufrüstung nur einen defensiven Charakter haben, und führende Militärs, vornehmlich der Oberbefehlshaber des Heeres und Chef des Generalstabes, General Beck, wiesen wiederholt darauf hin, daß aus militärischen, politischen und wirtschaftlichen Gründen die Rüstung im defensiven Rahmen bleiben müsse.

Links:
Für Hitler eine ungeheure »Provokation«: Versorgungseingang zum Werk Hackenberg, dem größten Festungskomplex der Maginotlinie.

Unten: Kleines Artilleriewerk.

Panzerturm für 7,5-cm-Kanone.

Symbolträchtig: Kanone und Beton: Die Maginotlinie als riesiges Kriegsmuseum.

Hitler hatte bekanntlich gegenteilige Ansichten. So war es auch nur folgerichtig, daß ihm angesichts der Maginotlinie, diese »ungeheure Provokation«, nur wieder das alte Duell Geschütz gegen Beton einfiel. Er war entschlossen, Kanonen und Steilfeuergeschütze mit bis dahin nicht erreichter Zerstörungskraft entwickeln und bauen zu lassen.

Im Rahmen seines Krupp-Besuches erkundigte sich Hitler bei Erich Müller persönlich, ob dieser sich ein Geschütz vorstellen könne, dessen Geschosse die einen Meter starken Panzerplatten und die immerhin sieben Meter dicken Eisenbetondecken der Maginotlinie durchschlagen können. Das sei durchaus möglich, lautete die selbstbewußte Antwort. Man müsse allerdings das entsprechende

Betonknacker aus dem Ersten Weltkrieg: 42-cm-Steilfeuergeschütz »Dicke Berta« (offiziell: M-Gerät).

Geschütz als Haubitze sowie in einer bislang noch nie gebauten Dimension auslegen. Hitler erklärte sich damit natürlich sofort für einverstanden.

Erich Müller nahm persönlich die ersten überschlägigen Berechnungen vor. Für das Ermitteln der Durchschlagsleistung von Geschossen (als sogenannte »Betonknacker«) bestehen viele Formeln. Im »Ehrenbuch der deutschen schweren Artillerie«, kurz nach dem Ersten Weltkrieg erschienen, findet sich auch ein Beitrag über die Vor- und Nachteile einer ins »uferlose« gehende Kalibersteigerung. In dem Aufsatz rechnete der Verfasser unter anderem die Wirkungsgröße einer 84-cm-Granate vor und kam zu dem Ergebnis, daß ein solches Geschoß ein Gesamtgewicht von 7,1 Tonnen besitzen müsse. Es ist nicht bekannt, ob Erich Müller von diesen Berechnungen Kenntnis hatte. Jedenfalls tauchen in den Planungsgrundlagen für die spätere 80-cm-E-Kanone die nahezu gleichen Daten auf. Die rund sieben Tonnen schwere Granate sollte Eisenbeton von sechs bis acht Meter Mächtigkeit durchschlagen (was sie später in der Praxis auch tat). Die schier unvorstellbare Durchschlagsleistung ist freilich nur zu erreichen, wenn Anfangsgeschwindigkeit des Geschosses, Drallart, Verlauf der Flugbahn, Auftreffwinkel, Geschoßkonstruktion sowie zahlreiche weitere innen- und außenballistische Einflüsse bekannt sind und alles in Einklang gebracht wird. Schließlich: Die größte Durchschlagsleistung ist wertlos, wenn das Projektil nicht trifft. Eine Sprenggranate wirkt durch ihre Splitter, sie muß nicht unbedingt das Ziel direkt treffen. Eine Panzergranate hingegen sehr wohl, im Falle des 80-cm-Geschützes war sogar das Treffen von Punktzielen in Gefechtsentfernungen bis zu 35 Kilometer gefordert.

Erich Müller kam bei seinen weiteren Berechnungen auf ein Geschützgewicht von mindestens 1000 Tonnen! Und das sollte auch noch beweglich sein. Ein einzelnes Gleis kam dafür aus Gründen der Stabilität und der Geschützausmaße nicht mehr in Frage. Das 1000-Tonnen-Ungetüm konnte nur auf einem Doppelgleis bewegt werden, und das auch nur in der Feuerstellung. Der Transport dorthin mußte in Einzellasten auf herkömmlichen Strecken erfolgen.

Selbst für die erfahrenen Krupp-Kanonenbauer bedeutete dies absolutes Neuland. Weil das Supergeschütz (nach der ursprünglichen Konzeption) aus sicheren Reichsgrenzen heraus die Maginotlinie bekämpfen sollte, sahen Müller und sein Team bezüglich des Geschützaufbaus und der doppelgleisigen Feuerstellung keine größeren Probleme. Bedenken meldeten allerdings einige E-Artilleristen und Ballistiker im Heereswaffenamt an. Sie erinnerten an die Erfahrungen mit dem »Paris-Geschütz«. Der Aufwand hätte in keinem Verhältnis zum Nutzen gestanden. Hitler wischte solche Argumente vom Tisch. Man könne das »Paris-Geschütz«, das auf feindlichem Boden operierte, nicht mit einem Geschütz vergleichen, das im eigenen Land und somit relativ geschützt stehe.

Auf ausdrücklichen »Wunsch des Führers« erging Anfang 1937 über das Heereswaffenamt an Krupp der Auftrag, zunächst zwei eisenbahngängige Geschütze des Kalibers 80 cm zu fertigen. Das Kaliber eines dritten Geschützes, dessen endgültige Fertigung erst noch überdacht werden sollte, wollte man zu gegebener Zeit bestimmen. Auf jeden Fall sollte auch jenes dritte Gerät in etwa den Ausmaßen der beiden anderen entsprechen.

Entwicklung, Fertigung und Erprobung militärischen Gerätes unterliegen in jedem Land der Geheimhaltung. Die »Tarnnetze« indessen, die man über die entstehenden 80-cm-E-Geschütze spannte, waren schlicht übertriebene Maßnahmen. Die Geheimnistuerei leistete nur der Legendenbildung um diese »Wunderwaffe« Vorschub. Eine offizielle und von vornherein festgelegte Bezeichnung gab es nicht. Während Krupp eher intern und unverbindlich mit dem Namen »Gustav-Gerät« arbeitete, sprach das Heereswaffenamt im geheimen Schriftverkehr von »Sondergerät«. Bei der Übergabe des Geschützes an die Truppe Anfang 1942 tauften die E-Artilleristen ihr Riesenbaby auf den unverfänglich-harmlosen Namen »Dora« (angeblich die Kurzform von dem Ausruf »Donner und Doria«). Danach wurde »Dora«, »Do-Gerät« oder auch nur »D-Gerät« von Krupp und Waffenamt und anderen Stellen ziemlich willkürlich übernommen.

»Dora« war selbstverständlich »Geheime Kommandosache«. Trotz der langen Werksphase von über vier Jahren klappte die Geheimhaltung perfekt. Beim späteren Übungsschießen, der Montage des Geschützes und der Ausbildung wurden alle Beteiligten unter strafrechtlichen Androhungen besonders »vergattert«. Die NS-Propaganda, im allgemeinen nicht pingelig beim Herausstellen deutscher Waffen, hielt sich in Sachen »Dora« ungewohnt bedeckt, sprach allenfalls von allerschwerster Artillerie. Der damalige Gegner hat über das Vorhandensein von 80-cm-Rohrwaffen so gut wie nichts erfahren.

In den heute noch vorhandenen Unterlagen (Historisches Archiv Fried. Krupp GmbH und Bundesarchiv/Militärarchiv Freiburg) finden sich zu den drei Geschützen gleicher Grundkonstruktion höchst unterschiedliche Benennungen. Dies geschah aus Verschleierungsgründen, aber auch ziemlich eigenmächtige Namensgebungen waren wohl dafür verantwortlich. In diesem Buch wird der Leser nur diese Bezeichnungen antreffen: für das erste abgelieferte Geschütz = »Dora«; für das zweite = »Schwerer Gustav 2« und für das dritte (nicht mehr fertiggestellte) = »Langer Gustav«.

Erprobungsschießen/Geschütz-Montage

Parallel zur Geschützentwicklung liefen die Arbeiten für die Munition an. Es wurden Panzer- und Sprenggranaten entwickelt. Im Unterschied zur verhältnismäßig einfach aufgebauten Sprenggranate ist die Panzergranate im allgemeinen und als 7-Tonnen-Projektil im besonderen ein ungleich komplizierteres Gebilde. Die Panzergranate soll zunächst schwerste Panzerungen durchschlagen und erst im Ziel, also zum Beispiel in einem Bunker, ihre Sprengladung zur Wirkung bringen, indem sie die Bunkerdecke anhebt und hernach zum Einsturz bringt. Das setzt eine sehr stabile Geschoßwandung und einen präzise funktionierenden Zünd- und Sprengmechanismus voraus. Das Geschoß darf nicht schon beim Auftreffen zerbrechen beziehungsweise detonieren – nach dem Eindringen ins Ziel aber auch nicht als Blindgänger liegenbleiben.

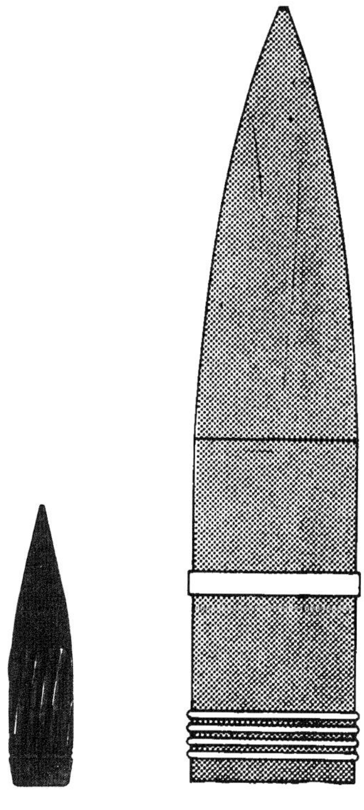

Größenvergleich 28-cm-Geschoß (»K 5«) und 80-cm-Panzergranate.

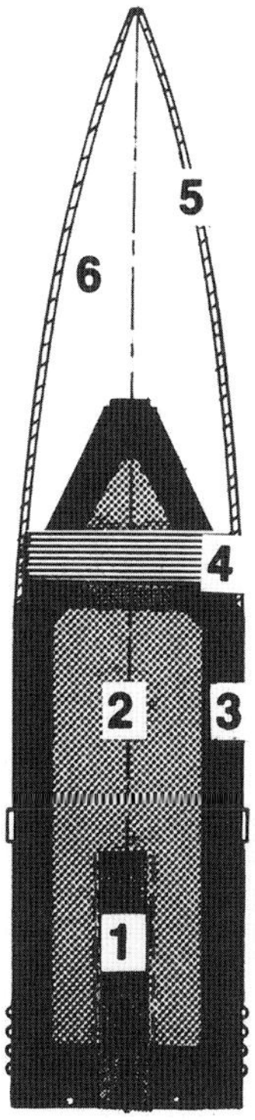

Schema 80-cm-Panzergranate:

1 = Zünder; 2 = Sprengladung;

3 = Geschoßwandung;

4 = Gewindering für Haube;

5 = Haube; 6 = Leerraum.

Geschoßboden der 80-cm-Panzergranate (delaboriert).

Die Panzergranate für das 80-cm-Geschütz bestand aus Chrom-Nickel-Stahl mit besonders gehärteter Spitze, die aufgeschraubte ballistische Haube war aus Silumin, einer Aluminiumlegierung mit Silizium und anderen Zusätzen. Wegen der ungewöhnlichen Wandstärke des Geschosses von zehn bis 18 Zentimetern konnten nur 250 Kilogramm Sprengstoff untergebracht werden (3,5 Gewichtsprozent). Das Panzergeschoß besaß, wie üblich bei solchen Projektilen, einen Bodenzünder. Die Sprenggranate hatte einen Kopf- und Bodenzünder. Wegen der schwächeren Geschoßwandung enthielt sie 700 Kilogramm Sprengstoff (14,6 Gewichtsprozent).

Die Treibladungsbemessung stellte ein ziemliches Problem dar. Die aus drei Ladungen bestehende Treib-»Röhre« war immerhin rund viereinhalb Meter lang und mußte in Bruchteilen von Millisekunden verbrennen. Die schließlich bereitgestellte Treibladung enthielt zur schnelleren Zündung an den Stirnseiten der Kartuschen Kränze aus Schwarzpulver. Von den verschiedenen Treibladungspulvertypen ist Nitroglyzerinpulver bei gleichem Volumen zwar das stärkste, zugleich entwickelt es aber auch die höchste Verbrennungstemperatur und verursacht damit ein frühes Ausbrennen des Rohres. Dennoch wollte man es mit diesem Pulvertyp versuchen. Das Schießen vor Sewastopol zeigte, daß die theoretische Lebensdauer des Rohres (100 Schuß) in der Praxis weit unterschritten wurde. Bereits nach etwa 15 Schuß war das Seelenrohr

80-cm-Versuchsgeschoß; die Felder des Rohres haben ihre Spuren hinterlassen.

Treibladung für 80-cm-Panzergranate.

derart »ausgeleiert«, daß nur mit ausgeklügelten Laborierungskunststücken die Ziele einigermaßen getroffen werden konnten. Im Grunde ein Unding. Insofern war der Fronteinsatz des 80-cm-Geschützes ein reines Erprobungsschießen. Verantwortlich dafür waren das Drängen Hitlers, »meine gewaltige Artilleriefaust« endlich einzusetzen, der geringe Munitionsbestand (man wollte diesen nicht für Erprobungen verschwenden) und die Tatsache, daß das Rohr geschont werden sollte.

Zurück zum Geschütz und seiner Fertigstellung. Schon im Frühjahr 1940 sollte es laut Plan an die Truppe übergeben werden. Aber Krupp konnte den Termin wegen verschiedener technischer Schwierigkeiten nicht einhalten. Vor allem die Konstruktion von Verschluß, Wiege, Mantel- und Seelenrohr bereitete Kopfzerbrechen. Denn gerade diese wichtigsten artilleristischen Teile mußten zu einem 400-Tonnen-System so aufeinander zugeschnitten werden, daß sie einzeln transportiert und hernach in der Feuerstellung zu einem Ganzen zusammengefügt werden konnten. Nachdem der Kriegsverlauf im Westen den Einsatz von 80-cm-Geschützen überflüssig gemacht hatte, wollte Hitler diese Waffe zum Entsetzen führender Artilleristen gegen die Festung Gibraltar einsetzen, weil dies ein angemessenes Ziel für die allerschwersten Kaliber sei. Wieder

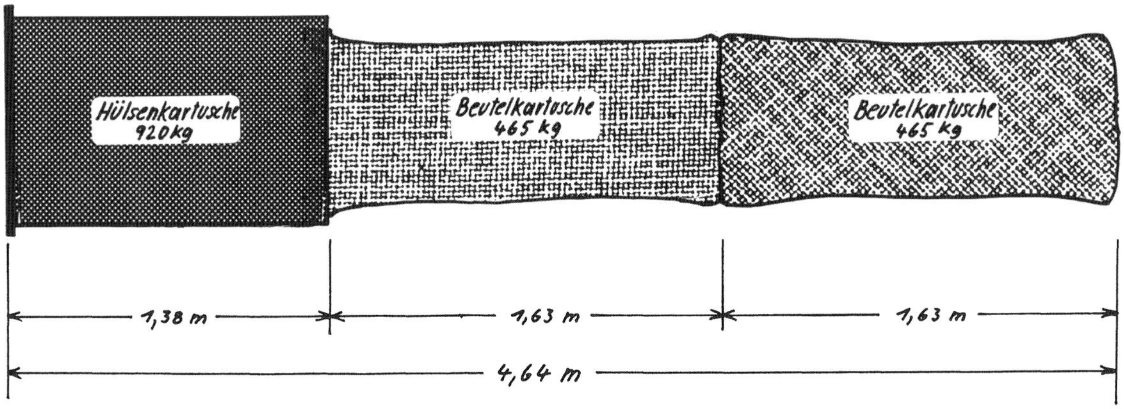

Schema Treibladung.

einmal fegte Hitler die Argumente gegen einen Einsatz außerhalb der Reichsgrenzen vom Tisch. Er ließ die Bedenken nicht gelten, wonach man ein derartiges Gerät nicht quer durch Europa befördern könne.
Im Verlauf der Vorbereitungen für das Gibraltar-Abenteuer (Unternehmen »Felix«) erhielt Krupp den zusätzlichen Auftrag, Breitspursätze für die 1674-mm-Spurweite zu entwickeln, wie sie auf der iberischen Halbinsel üblich war. Krupp fertigte auftragsgemäß – umsonst, das Vorhaben scheiterte an der ablehnenden Haltung Spaniens.
Im Sommer 1941, über ein Jahr später als geplant, meldete Krupp, daß nunmehr mit dem Anschießen des 80-cm-Rohres von einer Prüflafette aus auf dem Versuchsschießplatz Hillersleben begonnen werden könne.
Auf einer Bohlen-Fahrbahn hinter dem Verschlußstück des Rohres fuhr ein Raupenfahrzeug mit Schwung an und schob mittels eines Puffers das Geschoß ins Rohr. Auf gleiche Weise folgte die Versuchstreibladung. Sie war so laboriert, daß das Geschoß bei geringster Rohrerhöhung das Ziel in geringer Entfernung mit der notwendigen Auftreffgeschwindigkeit erreichte. Als »Ziele« hatte das Krupp-Erprobungskommando mitgebracht: eine 3,50 m starke eisenarmierte Betonwand, je eine 60 cm starke Guß- und Schmiedeplatte sowie je eine 80 cm starke Guß- und Schmiedeplatte. Sie wurden für den Beschuß auf einer kleinen Anhöhe in einer Aushöhlung senkrecht montiert.
Am 10. September 1941 stand als erstes Ziel die Betonwand bereit. Das dafür ausgewählte Geschoß besaß ein Gewicht von knapp sieben t – jedoch noch keine ballistische Haube. Am gleichen Tag erfolgte erstmals das Zünden der Treibladung, von den Beteiligten natürlich mit Spannung erwartet. Der Boden erzitterte, beißender Qualm hüllte die Feuerstellung ein. Das Geschoß jagte mit einer Anfangsgeschwindigkeit von 640 m/s aus dem Rohr. Das Ergebnis am Ziel entsprach voll den Erwartungen. In dem Krupp-Bericht über das »Schießen in Hillersleben« heißt es unter anderem: »Geschoß mit Überschuß heil durch, an der Spitze einige feine nicht durchgehende Risse. Beton glatt durchschlagen, Einschußöffnung vorne 2,00 × 1,20 m«.
Am nächsten Tag wurde die 60-cm-Gußplatte beschossen. Auszug aus dem Krupp-Bericht: »Geschoß hinter der Platte anscheinend infolge teilweiser Detonation zu Bruch gegangen. Platte durchschlagen und in 4 größere und mehrere kleinere Stücke zerbrochen.«
Das dritte Geschoß verließ am 20. September 1941 das nahezu waagerechte Rohr. Es wog, diesmal mit Haube, jedoch blind, 7060 kg. Ziel war die 60-cm-Schmiedeplatte: »Geschoß zerlegt im Sandkanal gefunden; Zerlegung offenbar beim Auftreffen auf die abschließende Betonwand erfolgt. Platte glatt durchschlagen; durchgebogen und gerissen; Rückseite Ausbruch 1,70 × 1,50 m.« Ähnlich zufriedenstellend war der Beschuß der 80-cm-Gußplatte, die in mehrere Stücke zerbrach. Auch die gleich starke Schmiedeplatte wurde glatt durchschlagen.
Nach diesen Erprobungen verlegte das Krupp-Team seine weiteren Versuchsschießen nach Rügenwalde, wo im Spätherbst 1941 acht Probeschüsse aus dem erstmals vollständig aufgebauten Geschütz in Gegenwart von Erich Müller sowie führenden Ingenieuren und hochrangigen Vertretern des Heereswaffenamtes abgefeuert wurden.
Das militärische Gelände, mitten in eine Torf- und Buschwald-Region hineingebaut, dehnte sich hinter den hohen pommerschen Dünen mehrere Kilometer breit aus. An der westlichen Seite des Versuchsschießplatzes befanden sich in einem strengbewachten Sperrbezirk die Feuerstellungen, die Munitionsbunker, Werkstatthallen und spezielle Gebäude.
In Rügenwalde ging es nicht mehr ausschließlich um das Erproben von Rohr und Munition, sondern um das Verhalten der gesamten Geschützkonstruktion beim Feuern der vollen Ladung einschließlich scharfer Einsatzgranaten. Außerdem stand das Erstellen der Schußtafel auf dem Programm. Die Schußtafel ist gewissermaßen das Kursbuch der Artilleristen, oder, wie sie es selbst scherzhaft nennen, das »orthodoxe Glaubensbekenntnis für jeden Artilleristen«. In der Schußtafel stehen in Form von Tabellen und Zahlenangaben alle grundlegenden ballistischen Werte des jeweiligen Geschützes. Aus ihr sind alle weiteren Werte, Korrekturen und Verbesserungen beim Schießen außerhalb der Mündungswaagerechten bei bestimmtem Wetter und Wind ablesbar. Mit Hilfe der Schußtafel können Feueraufgaben auf bekannte und zu erwartende Ziele vorbereitet und dann kurzfristig in Ausführung gebracht werden.
In Rügenwalde erfuhr das Geschütz quasi seine zweite Premiere: Unter Anleitung und Aufsicht der Krupp-Spezialisten wie Ingenieure, Techniker, Monteure und Elektriker übten die von anderen Eisenbahn-Batterien abgezogenen Artilleristen die Geschützmontage einschließlich der umfangreichen elektrischen Installationen, das Funktio-

nieren vor allem der elektrischen und hydraulischen Einrichtungen.
Die für den Geschützaufbau benötigte Zeit, exakt registriert, betrug 54 Stunden. Die komplizierte Rohrmontage beanspruchte allein rund 16 Stunden. Der Zusammenbau des Geschützes ist in allen Phasen wiederholt gefilmt und zu Ausbildungsfilmen zusammengeschnitten worden, zuletzt vermutlich im Jahr 1943. Erhalten geblieben davon sind nur einige wenige Fragmente. Aber Beschreibungen über die gedrehten Szenen und über 300 Standfotos wurden zum Teil erst kürzlich entdeckt. Die meisten Standfotos entstanden vermutlich im Februar/März 1943 in Rügenwalde und zeigen vereinzelt das Gerät »Dora« und in der Masse das Gerät »Schwerer Gustav 2«.
Die überaus instruktiven und in der Mehrzahl gestochen scharfen Fotografien mit interessanten Details geben einen plastischen Eindruck von der Konstruktion als solcher und dem Umfeld wie etwa vom personellen Aufwand allein für das Zusammenfügen des monströsen Schießgiganten. Die Bilder sagen auch oder gerade hier mehr als tausend Worte und sollen deshalb in diesem Buch das »Beschreiben« der komplexen Montage übernehmen. Die in den kurzen Erläuterungen verwendeten Bezeichnungen für die verschiedenen Geschützteile sind der erwähnten Beschreibung (eine Art Drehbuch) entnommen und somit authentisch.

Reihenfolge Geschützaufbau

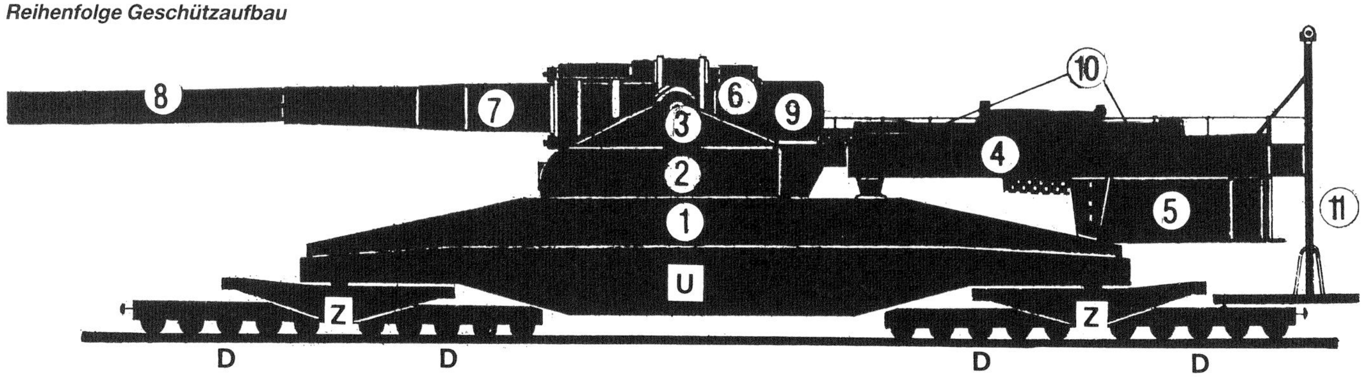

D = Drehgestelle (8)
Z = Zwischenträger (4)
U = Unterlafette (2)

bilden zusammen die beiden Fahrgestellhälften (auch linker und rechter Träger genannt). Dieses sogenannte rollende Material wurde nicht von der Truppe montiert, sondern als Teilkomplex transportiert bzw. gefahren.

1 = Oberlafette (2) – auch Hauptträger genannt
2 = Schießgerüste (2)
3 = Schildzapfenlager (2)
4 = Ladebühne
5 = Kraftzentrale
6 = Wiege
7 = Mantelrohr
8 = Seelenrohr
9 = Boden- bzw. Verschlußstück
10 = Ladetisch und Ansetzer
11 = Munitionsaufzüge (2)

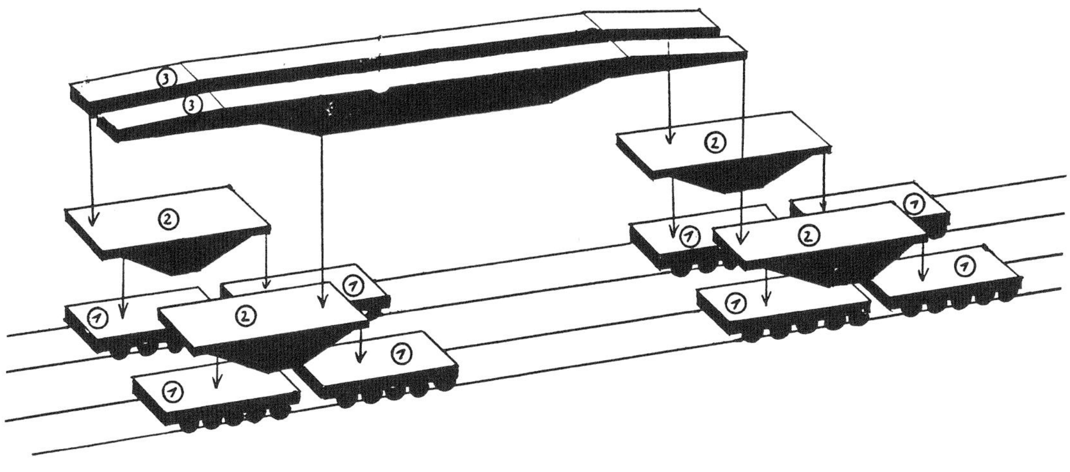

Aufbauschema der Fahrgestellhälften: 1 = Drehgestelle; 2 = Zwischenträger; 3 = Unterlafette.

Rechte Fahrgestellhälfte.

Kupplungszapfen.

Kupplungslager.

Vorbereitung zum Zusammenkuppeln.

... links hinten...

Die Querverbindungskästen werden angebracht...

... und links vorne.

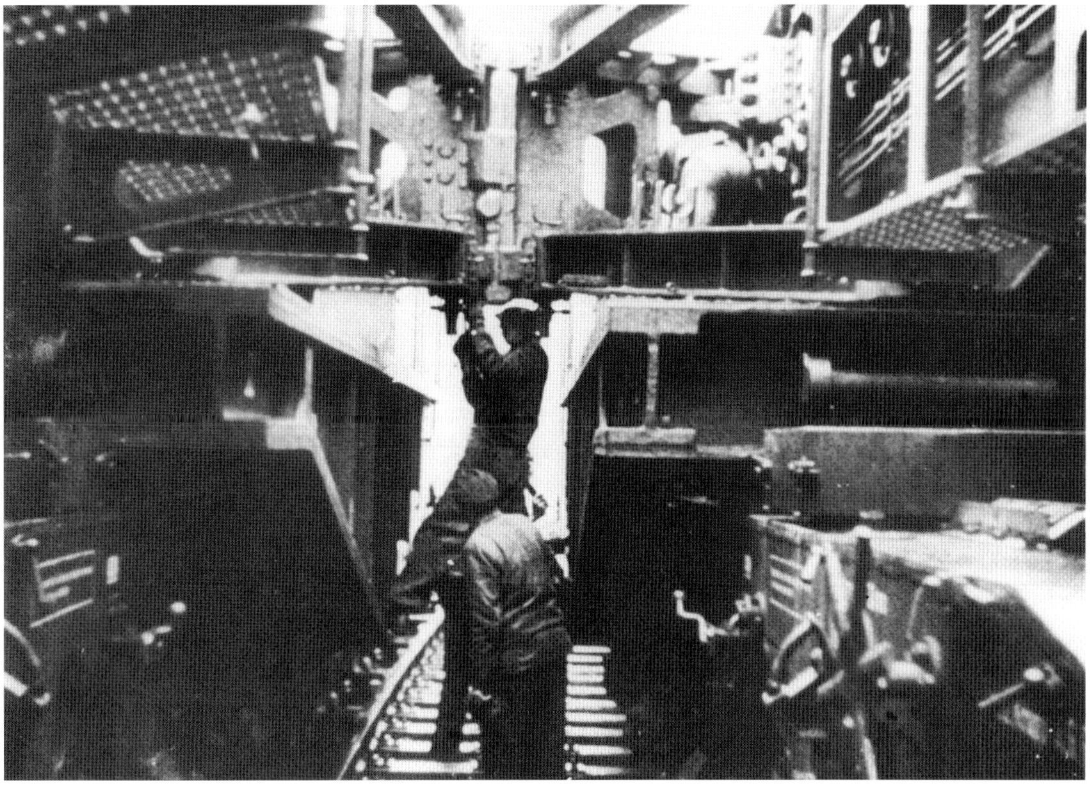

Die Fahrgestellhälften werden verbunden.

Die Querverbindungskästen nach dem Zusammenfügen.

Die Kupplungsteile nach dem Zusammenfügen.

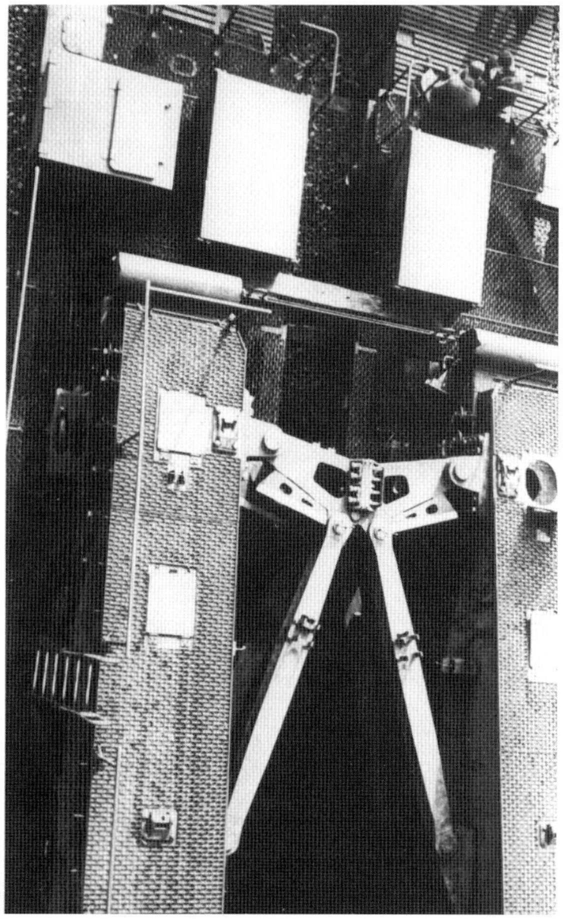

Die beiden Lokomotiven unmittelbar nach dem Zusammenkuppeln der Fahrgestellhälften.

Rechtes Schießgerüst (mit Schildzapfenlager) auf dem Transportwagen.

Fahrprobe auf der Schießkurve. ▷

Rechtes Schießgerüst auf der Platte des rechten Hauptträgers.

Linkes Schießgerüst auf dem Transportwagen.

◁
Rechtes Schießgerüst von vorne gesehen.

Großaufnahme. ▷

Auf dem Weg zum linken Hauptträger.

Montage
ist abgeschlossen.

Aufbau der Ladebühne, hier Aufsetzen der Stützen.

◁ Heranfahren der ersten Bühnenhälfte.

Abgesetzte Bühnenhälfte.

Zusammenfügen beider Hälften.

Zweite Bühnenhälfte. ▷

◁ Gerät mit aufgesetzter Bühne.

Dasselbe von unten.

◁
Blick von oben in das Gerät; an dieser Stelle wird später der Ladetisch montiert.

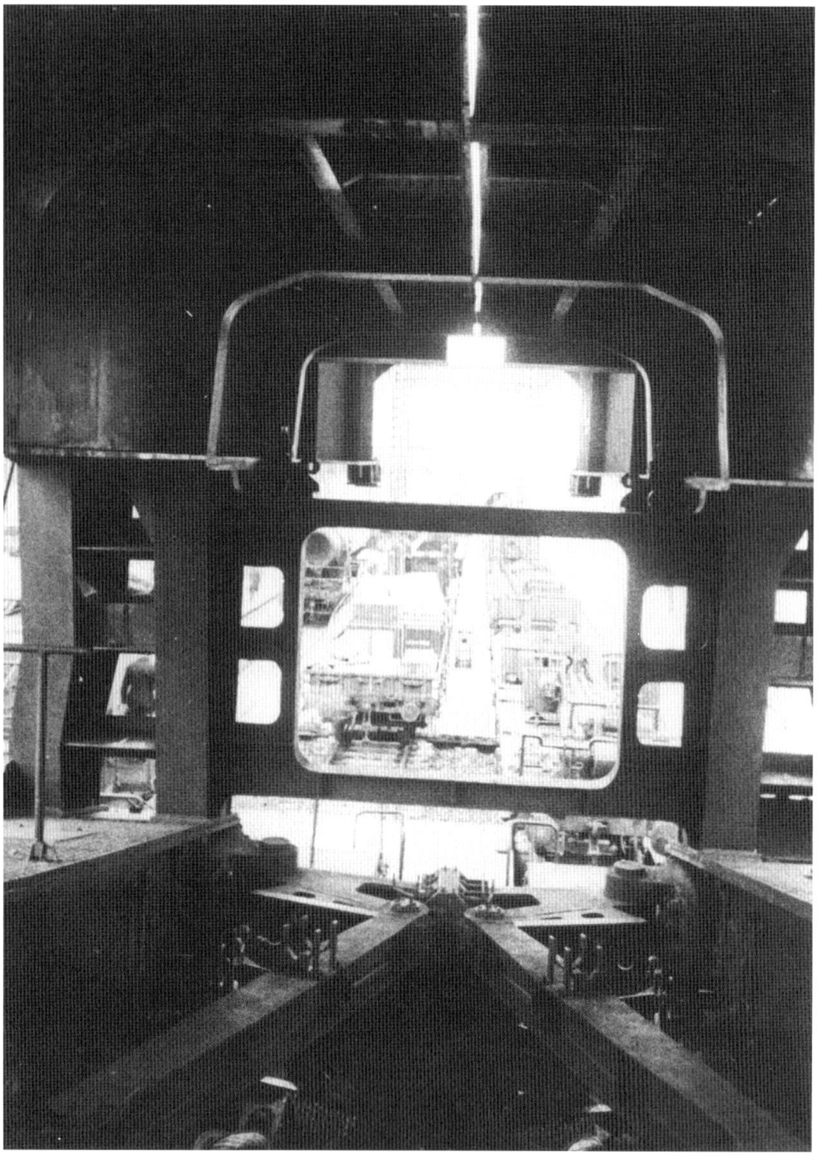

Blick aus dem Gerät unterhalb der Ladebühne auf den Montageplatz mit den Transportwagen.

Rechts oben und unten: Einbau der Kraftzentrale.

Links oben:
Vorbereitungen zum Einbau der Wiege, hier bereits mit montierten Wangen und Stangen.

Rechts oben: Anheben der Wiege mit dem Wiegenträger.

Links: Schildzapfen sind ebenfalls bereits aufgeschraubt, hier Großaufnahme.

Im Griff beider Aufbaukräne kommt die Wiege heran.

Wiege über den Schießgerüsten.

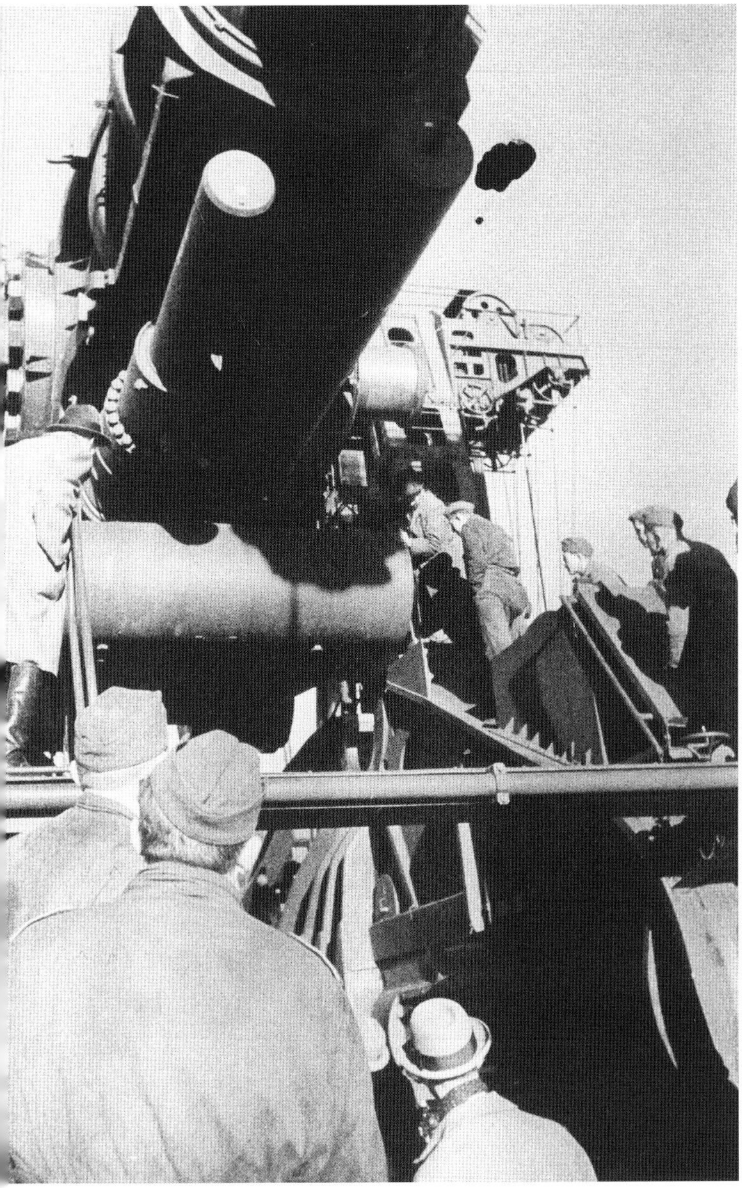

Einpassen der Schildzapfen in die Lager.

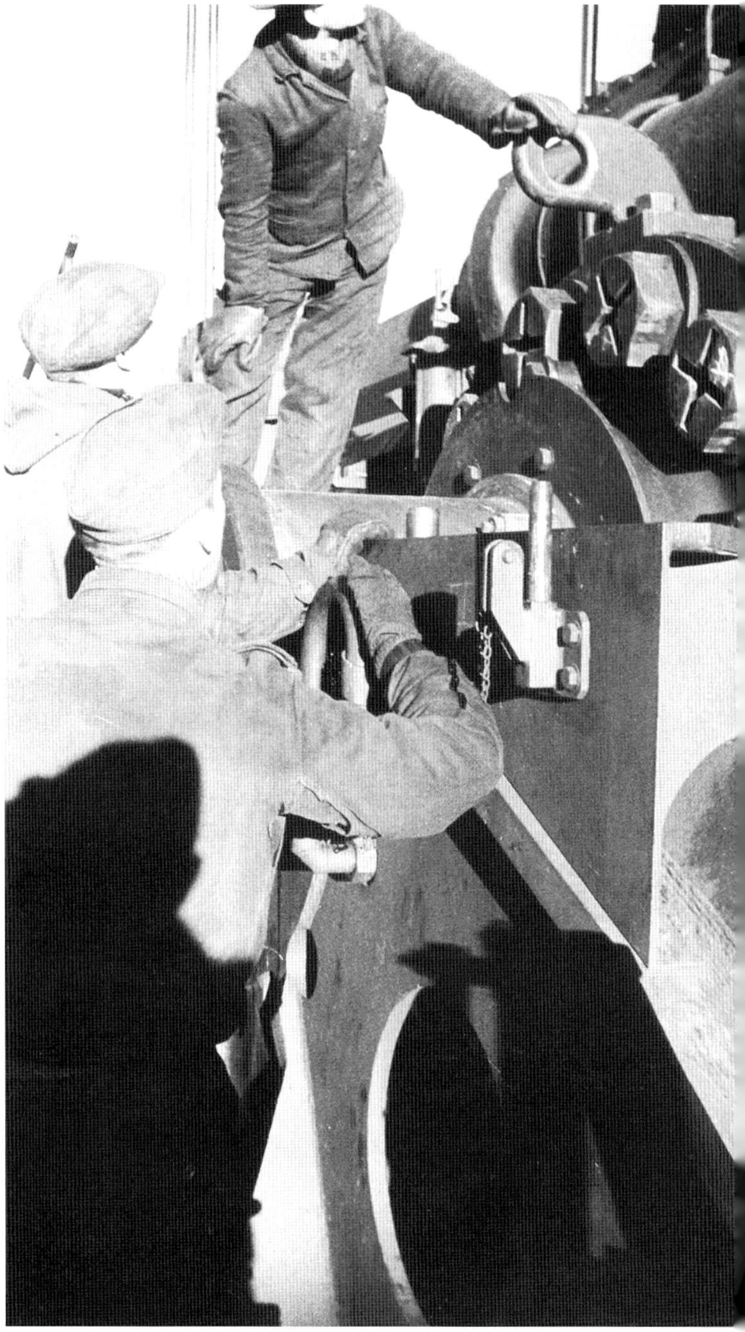

Blick von unten
auf die sich
herabsenkende Wiege.

Abbildungen unten:
Wiege ist in die
Schießgerüste eingelegt.

Rechts und links unten:
Blick von oben auf die eingelegte Wiege; Schildzapfenlagerdeckel ist aufgelegt und verschraubt.

Rechts unten:
Vorbereitung zum Herausziehen des nun nicht mehr benötigten Wiegenträgers.

Wiegenträger verläßt die Wiege.

Das Innere der Wiege.

Reinigen und Fetten der Wiege.

Wiege fertig zur Aufnahme des Mantelrohres.

Enttarnen des Mantelrohres; hier das vordere Teil.

Mantelrohr mit Tragevorrichtung.

Anheben vom Transportwagen.

Anheben vom Transportwagen.

Mantelrohr über der Ladebühne.

◁ Das Mantelrohr fährt von hinten in die Wiege ein.

Kran 1 wird an der vorderen Tragevorrichtung angeschlagen…

◁ Die vordere Tragevorrichtung fährt aus der Wiege heraus.

… und fährt mit der abgebauten Tragevorrichtung weg.

Kran 1 schlägt am vorderen Mantelrohr an.

Mantelrohr fährt aus der Wiege heraus.

Der Einbau des Mantelrohres ist beendet.

Blick von der Ladebühne in Wiege und Mantelrohr.

Vorbereitungen zum Einbau des Seelenrohres.

Das Seelenrohr auf dem Transportwagen.

Der vordere Gleitkopf auf dem Weg zur Rohrmündung.

Abbildungen unten:
Die Transportvorrichtungen am hinteren Seelenrohr werden entfernt.

Das Seelenrohr mit seinen Feldern und Zügen.

Oben und unten:
Anschlagen des Seelenrohres.

Obere Abbildungen: Zugleich wird das Rohr gereinigt.

Seelenrohr wird vom Transportwagen gehoben; in der Mündung befindet sich der Gleitkopf.

Doppelseite:
Seelenrohr auf dem Weg zum Gerät.

Von den Kranführern wird jetzt äußerste Konzentration und Präzision verlangt.

Oben und unten:
Das Seelenrohr kurz vor dem Einfahren in das Mantelrohr.

Das Seelenrohr wird mit Kranhilfe zu etwa zwei Drittel in das Mantelrohr eingefahren.

Das endgültige Einfahren des Seelenrohres erfolgt mit der Spannvorrichtung (lichter Pfeil) und der hydraulischen Einbauvorrichtung (schwarzer Pfeil).

◁ Die Spannvorrichtung wird aufgesetzt…

… und mit der Einbauvorrichtung verbunden.

◁ Das Rohr wird eingefettet…

… und eingedrückt.

Das Seelenrohr fährt aus dem Mantelrohr heraus.

Abbildungen rechts: Abbau des Gleitkopfes.

Im Kran kommt der Tragkasten zum Abbauen des Gleitkopfes heran.

Doppelseite:
Abbau des Gleitkopfes

KIC

Der Einbau
des Seelenrohres ist beendet.

Einbau des Bodenstückes, hier auf dem Weg zum Gerät.

Abbildungen oben und unten:
Mit Hilfe des Tragkastens werden Abdichtungsring sowie Verbindung (Drallkeil) zwischen Mantel- und Seelenrohr angebracht.

Das Bodenstück wird nach der Rohrlage ausgerichtet.

Abbildung unten und rechte Seite:
Das Bodenstück wird durch den halbgeöffneten Verschluß eingerichtet.

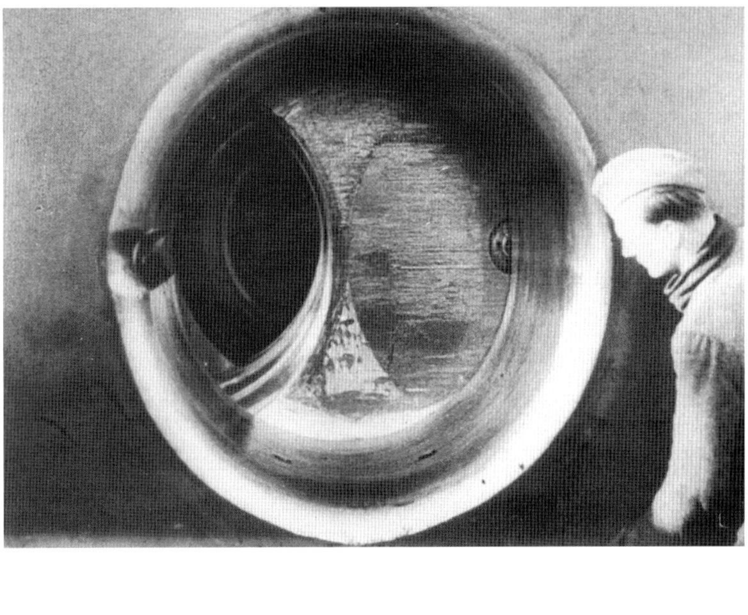

Links: Aufbau des Ladetisches. Oben: Enttarnen des Ansetzers.

Gerät von der Seite, es fehlen noch Ansetzer und Munitionsaufzüge.

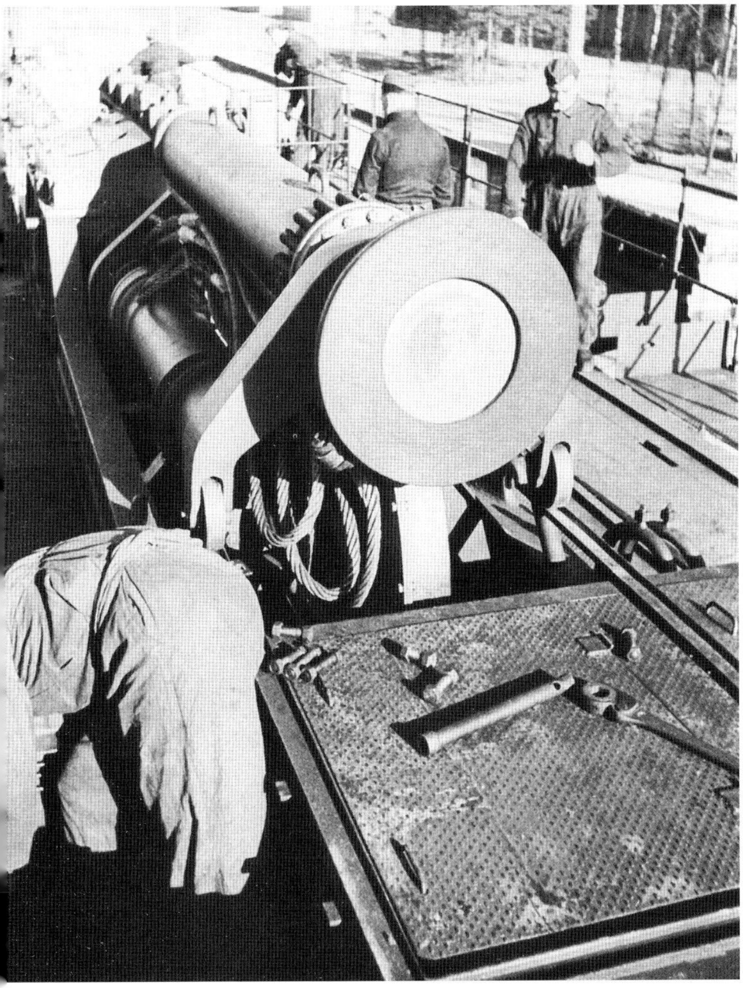

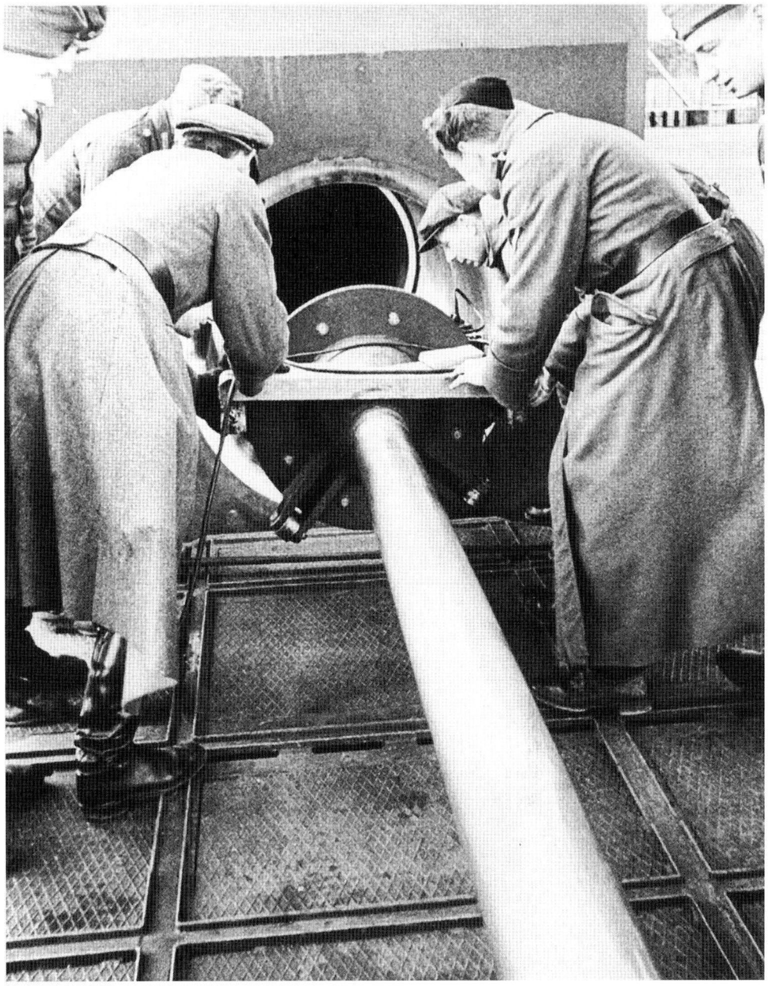

Links oben: Aufgebauter Ansetzer.

Rechts oben: Funktionsprobe.

Links:
Blick auf den Ansetzer vom Bodenstück aus (Ablaufvorgriff = die Munitionsaufzüge sind auf diesem Bild bereits angebracht).

Abbildungen rechts und rechte Seite:
Anbau der Munitionsaufzüge.

Licht für den Kameramann; das Rohrinnere soll gefilmt werden.

Blick vom fertig aufgebauten Geschütz auf die Aufbaustrecke (im Vordergrund eine Diesel-Doppellok).

Das vollständig aufgebaute Geschütz.

Vorbereitung zum Reinigen des inneren Seelenrohres.

Rechts: Im Rahmen der umfangreichen Funktionsproben wird die elektrische Anlage des Geschützes eingehend getestet; hier Detailaufnahme.

Abbildungen unten und rechte Seite oben: Funktionsprobe der Höhenrichtmaschine.

Die beiden Diesel-Doppelloks im Herstellerwerk in Essen. Baujahr 1941; Krupp-Fabrik-Nr. 2198/2199 und 2200/2201; Betriebs-Nr. D 311.01 A/B und D 311.02 A/B.

Das Seitenrichten des Geschützes, also das Bewegen desselben in der Schießkurve mit Hilfe von Lokomotiven sowie geschützeigenem Antrieb, war neben der Montage der zweite wichtige Teil der Ausbildung. Die Dieselelektro-Doppelloks waren eigens für die 80-cm-E-Kanonen konstruiert worden.

Diese Lokomotiven, durch Steckverbindungen synchron geschaltet und auf den beiden parallel verlaufenden Gleisen nebeneinander herfahrend, steuerte der Lokführer von einem Führerstand aus. Jede Lokhälfte war mit einem MAN-Sechsyzlinder-Dieselmotor mit Aufladung ausgerüstet. Die Nennleistung betrug je 940 PS bei einer Drehzahl von 700 U/min, die Höchstleistung lag bei 1050 PS. Die gesamte elektrische Ausrüstung stammte von Siemens-Schuckert. Bei Serienfahrt waren die Fahrmotoren 1 und 3 sowie 2 und 4 jeweils in Reihe, die Zweiergruppen zueinander parallel geschaltet. Diese Fahrstellung diente zum Erreichen höchster Kräfte bei niedrigen Geschwindigkeiten, um das Geschütz extrem langsam bewegen zu können. Die Höchstgeschwindigkeit betrug 60 km/h. Die beiden Lokhälften waren durch eine Kurzkupplung verbunden. Durch die Gänge beider Maschinenräume und je eine Durchgangstür an den Innenseiten konnte die andere Fahrzeughälfte auf einer offenen Blechbrücke betreten werden.

Entgegen anderslautenden Beschreibungen sind die Loks nie allein für die Stromversorgung des Geschützes in der Feuerstellung sowie für das Seitenrichten-Fahren in der Schießkurve verwendet worden. Das Geschütz verfügte nämlich über eine eigene Kraftzentrale und über acht E-Motoren an jeweils den Hinterachsen der Drehgestelle. Dieser Eigenantrieb ermöglichte genauestes Feinstrichten, wie es die Loks nicht hätten bewerkstelligen können: Infolge der Pufferfedern hätten sich Ungenauigkeiten nicht vermeiden lassen. Solche, nur nach Zentimetern bemessene Ungenauigkeiten, hätten sich im Hinblick auf die Schußweiten von 25 bis 35 Kilometern nachteilig auf die Treffsicherheit ausgewirkt; ein paar Zentimeter zu viel oder zu wenig auf der Gleiskurve bedeuteten ein paar hundert Meter Unterschied im Zielgebiet. Beim Schießen selbst konnten die Lokomotiven weggefahren werden, ohne daß noch Kabelverbindungen zum Geschütz bestehen bleiben mußten.

Am 25. November 1941 feuerte das größte Geschütz aller Zeiten erstmals als aufgebautes System aus seiner doppelgleisigen Feuerstellung in Rügenwalde. Das Premierenpublikum bestand aus höchster ziviler und militärischer Prominenz. Mit verständlicher Spannung hatte man diesem Ereignis entgegengefiebert. Hielt die Praxis, was die Theorie versprach? Konnte die Konstruktion der ungeheu-

Feuerndes 80-cm-Eisenbahngeschütz auf dem Heeresversuchsschießplatz Rügenwalde.

ren Belastung standhalten? Funktionierte das Zusammenspiel von Stahl, Elektrik, Hydraulik, Mechanik und Physik?
Ein Schlag wie Donnerkrachen ließ selbst die knallgewöhnten Experten zusammenzucken. Die Bäume in der Nähe zerzausten wie in einem Sturm. Die Erschütterungswellen waren noch im vier Kilometer entfernten Kasernenbereich zu spüren, ließen Türen aufspringen und Fensterscheiben klirren. Teile der meterhohen Wellblech-Sichtblenden, die das Geschütz gegen Beobachtung von Unbefugten abschirmen sollten, zerfetzten teilweise und flogen wie Papier im Winde davon.
Die Riesenkanone aber überstand ihren eigenen Feuerschlag unbeschadet. Lediglich einige elektrische Leitungsteile und nicht richtig festgezurrte Verbindungsbolzen wurden in Mitleidenschaft gezogen. Erleichtertes Aufatmen allenthalben. Insgesamt gab die E-Kanone in Rügenwalde vom 25. November bis 5. Dezember 1941 acht Erprobungsschüsse ab. Die Geschosse im Gewicht zwischen 7 und 7,1 Tonnen verließen das Rohr mit Anfangsgeschwindigkeiten zwischen 592 und 708 m/s, wobei die Temperatur des Treibladungspulvers 15 bis 22 Grad Celsius betrug. Die geringste Rohrerhöhung betrug 15, die maximale 65 Grad. Die geringste Schußweite maß 18,5, die größte 37,2 km. Die umfangreichen Messungen für jeden Schuß bildeten die Grundlage für die Schußtafel und die Laborierungs-»Rezepte«.
In den allgemeinen Ausbildungsbetrieb bezog man Ende 1941 auch noch das Üben von Spur- beziehungsweise Achswechsel ein. Die von Krupp gelieferten Wechselradsätze von 1524 mm ließen alsbald die Gerüchteküche brodeln: Es handelte sich um die russische Breitspur, also konnte das nur einen Geschütz-Einsatz im Osten bedeuten.

Aufstellung der »Dora«-Abteilung

Am 8. Januar 1942 wurde die Schwere Artillerie Abteilung (E) 672 als eingeschütziger Verband mit rund 500 Mann (in einer Geschütz- und einer Stabsbatterie) aufgestellt. Kommandeur war Dipl.-Ing. Oberstleutnant Robert Böhm, zuvor Referent im Heereswaffenamt und dort beteiligt gewesen am militärischen Teil des Projekts »artilleristisches Sondergerät«. Als Geschützführer kam Oberleutnant Knoll, als Waffenoffizier Hauptmann Meyer zur Abteilung. Im Rahmen der feierlichen Übergabe des Geschützes an die Truppe tauften die »672er« ihre Mammutkanone auf den Namen »Dora«. Eine Bezeichnung, die während des Krieges weitgehend unbekannt blieb, danach indessen in Fachkreisen als Synonym für artilleristischen Gigantismus schlechthin stehen sollte. Als Truppenerkennungszeichen (nicht taktisches Zeichen) führten Fahrzeuge und Gerät der Abteilung die Darstellung eines Hammers, der einen Fels zerschmettert. Das symbolträchtige Zeichen hatte die Truppe selbst entworfen und sollte die Gemeinschaft der Abteilung zum Ausdruck bringen. Überdies war auch noch das Kürzel »Do« in Frakturschrift ein internes Abzeichen der »Dora-Leute«.

Truppenerkennungszeichen der Schweren Artillerie Abteilung (E) 672.

Über die personelle und materielle Ausstattung seiner Abteilung hat Robert Böhm nach dem Krieg aus der Erinnerung geschrieben:
Sie bestand aus Abteilungsstab, Stabsbatterie und Geschützbatterie, welche den Auf- und Abbau des Geschützes und seine Bedienung zu übernehmen hatte, wozu ihr ein Sonderkommando aus Ingenieuren der Firma Krupp in Stärke von 20 Mann zugeteilt wurde. Die Stabsbatterie besaß einen personell und materiell reichlich ausgestatteten Rechentrupp, dessen besondere Aufgabe es war, nach jedem Schuß den jedesmal gemessenen Gasdruck sowie V_0 und Verbrennungsraum auszuwerten und die genaue Laborierung und Temperierung der Treibladung für den nächsten Schuß festzulegen. Selbstverständlich wurden auch die außenballistischen Einflüsse für jeden einzelnen Schuß aufs genaueste berücksichtigt. Weiter war die Stabsbatterie mit einem Vermessungszug ausgestattet, der die Schießkurve zu vermessen hatte und der auch den Schießplan in großem Maßstab unter Einbe-

Fahnenbestücktes Gerät anläßlich der Übergabe an die Truppe.

Angehörige der Abteilung und Offiziere des Heereswaffenamtes vor dem Geschütz (es handelt sich um eine Kopie aus dem privaten 16-mm-Film von Albert Speer, den er als Rüstungsminister bei Besichtigungen hat drehen lassen). Der Film bzw. dieses Bild entstand während des Besuchs in Rügenwalde im März 1943.

Prof. Müller und Oberstleutnant Böhm sowie Angehörige des Krupp-Sonderkommandos und Offiziere des Heereswaffenamtes beim gemeinsamen Mittagessen in der KdF-Halle auf dem Schießplatzgelände Rügenwalde (diese und die folgenden Aufnahmen entstanden vermutlich im März 1943, sie geben aber einen Eindruck von der Abteilungsaufstellung Anfang 1942, bei der das Geschehen ähnlich ablief).

ziehung von vier Beobachtungs- und Meßstellen aufstellte. Die Beobachtungsstellen waren zusätzlich mit Infrarotgerät ausgestattet, was damals bei der Truppe sonst noch unbekannt war. Die Leitung des Einsatzes dieser Geräte übernahm ein Kommando von Fachwissenschaftlern, das der Truppe zugeteilt worden war. Bei dem zur Zeit des Einsatzes in dem küstennahen Gebiet herrschenden meist diesigen Wetter und bei den beträchtlichen Beobachtungsentfernungen wäre ein genaues Anschneiden der Aufschläge mit normalem Gerät nicht möglich gewesen. An Nachrichtenmitteln besaß die Abteilung eine reichliche Ausstattung an schweren und leichten Funk- und Fernsprechgeräten. Die technische Feuerleitung war in einem Spezialeisenbahnwagen in Nähe der Feuerstellung untergebracht.

Die Zeit zwischen der Abteilungsaufstellung und dem Verlegen an die Front war ausgefüllt mit weiterer Ausbildung, vielfältigen Vorbereitungsarbeiten und Verlademaßnahmen sowie dem Laborieren der Schüsse und Fertigmachen zum Transport derselben. Natürlich wären weitere Versuchsschießen dringend geboten gewesen, aber aus Gründen der Munitionslage und einer vorzeitigen Rohrabnutzung mußte die Abteilung darauf verzichten – auf ausdrücklichen Befehl aus dem Führerhauptquartier.

Die Firmenchefs Gustav und Alfred Krupp im Gespräch mit Vertretern des Heereswaffenamtes. Im Hintergrund (Mitte) Waffenoffizier Hptm Meier.

Offiziere des Heereswaffenamtes und verschiedener Artillerieeinheiten...

... sowie Abteilungsleiter und Ingenieure der Firma Krupp...

... einschließlich Techniker und Monteure in Erwartung hohen politischen und militärischen Besuchs.

»Dora«-Sonderzüge/Transport

Nach Hitlers »Weisung 41« vom 5. April 1942, »Sewastopol zu Fall zubringen«, erhielt Oberstleutnant Böhm vom Chef des Generalstabes, Generaloberst Halder, persönlich den Einsatzbefehl, Ziel: Sewastopol, Aufgabe: Bekämpfung von Festungswerken.

Während die Bauzüge mit dem Spezial-Gleismaterial direkt von Essen nach der Krim abgingen, wurden die Geschütz-Sonderzüge in Rügenwalde beladen und zusammengestellt und ab Mitte April 1942 in Eintagesabständen in Marsch gesetzt.

Aufstellung der Sonderzüge in Rügenwalde.

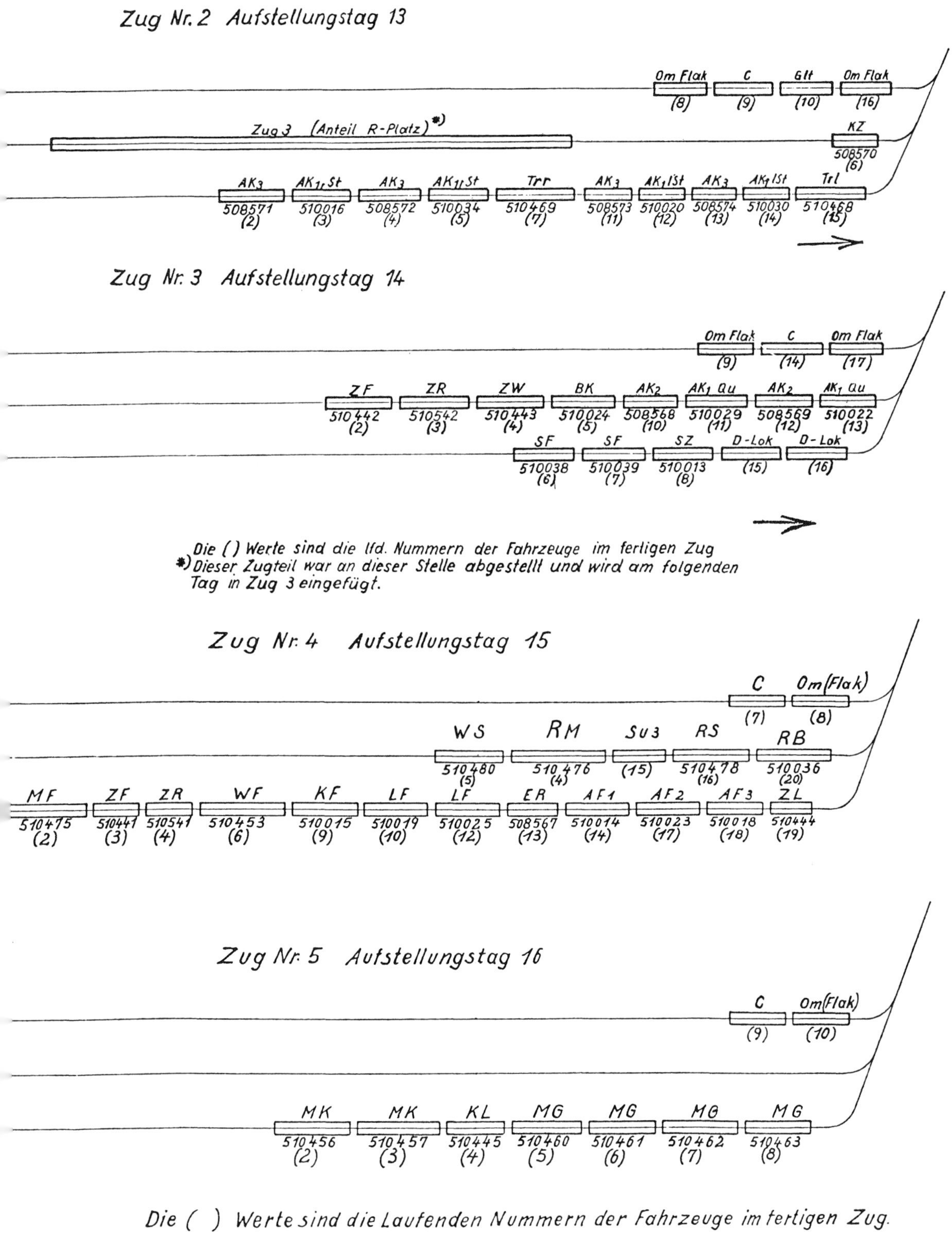

Die in den Zeichnungen (Zug Nr. 2 bis 5) benutzten Abkürzungen (Tarnzeichen) bedeuten

für Zug Nr. 2:

AK 1 lSt	=	linke Stützen
AK 1 rSt	=	rechte Stützen
AK 3	=	Bockkran/Baukran
C	=	Mannschaften
Glt	=	Feldküche
KZ	=	Kraftzentrale
Trl	=	linker Träger*
Trr	=	rechter Träger*
		*Fahrgestelle

Zug Nr. 3:

AK 1 Qu	=	Querträger
AK 2	=	KZ-Führerhaus
BK	=	Bettungskästen
C	=	Mannschaften
SF	=	Schießgerüst
SZ	=	Schildzapfen
ZF	=	Zubehör
ZR	=	Zubehör
ZW	=	Werkstatt

Zug Nr. 4:

AF 1	=	Hilfsgeräte zum Rohreinbau
AF 2	=	Ansetzer, Zubehör zum Rohreinbau
AF 3	=	Ladetisch, Munitionsaufzüge
C	=	Mannschaften
ER	=	Einbauvorrichtung
KF	=	Abstützung/ Kranführungen
LF	=	Brückenhälften
MF	=	Meßeinrichtung
RB	=	Bodenstück
RM	=	Mantelrohr
RS	=	Seelenrohr
S u 3	=	Schutzwagen
WF	=	Wiege
WS	=	Wangen-Stangen
ZF	=	Zubehör
ZL	=	Luftflaschen
ZR	=	Zubehör

Zug Nr. 5:

C	=	Mannschaften
KL	=	Klimaanlage
MG	=	Geschosse
MK	=	Kartuschen

…weis: Zug Nr. 1 ist nicht als direkter Geschützzug anzusehen; mit ihm wurden Offiziere, Mannschaften, Gepäck, Kraftfahrzeuge, Kraftstoff und kleinere Gerätschaften sowie Tarnmaterial befördert.

Lokomotive der Baureihe 50.

Zug Nr. 1 bestand aus der Lok (Baureihe 50) und 42 Wagen. Im einzelnen: 8 Mannschaftswagen, 1 Offizierswagen, 2 Verpflegungswagen, 1 Küchenwagen, 2 Gepäckwagen, 2 Kabelwagen, 1 Tarnwagen (Nebel), 3 Kraftstoffwagen, 1 Munitionswagen und 21 Kraftfahrzeugwagen. Der Zug hatte eine Gesamtlänge von 538,9 m und ein Gesamtgewicht von 828 t.

Zug Nr. 2 bestand aus der Lok und 15 Wagen: 4 Wagen mit den Baukränen, 2 Wagen mit den linken, 2 Wagen mit den rechten Stützen, 1 »Wagen« bildete den linken, 1 weiterer den rechten Träger (Fahrgestellhälfte), 1 Wagen mit der Kraftzentrale, 2 Flakwagen, 1 Mannschaftswagen, 1 Wagen mit Feldküche. Dieser Zug besaß eine Gesamtlänge von 309,4 m bei einem Gesamtgewicht von 1111,8 t.

Zug Nr. 3 führte außer der Transportlok die beiden Diesel-Doppelloks und 14 Wagen: 2 Wagen mit den beiden Schießgerüsten, 2 Zubehörwagen, 1 Werkstattwagen, 1 Wagen mit Bettungskästen, 1 Wagen mit den beiden Schildzapfen, 2 Flakwagen, 4 Wagen mit je einem Querträger, 1 Mannschaftswagen. Bei einer Gesamtlänge von 293,3 m besaß der Zug ein Gesamtgewicht von 1045,5 t.

Wagen für Schießgerüst.

Wagen für Verbindungskästen.

Wagen für Montagekräne (Hilfskräne zum Aufrichten bereits montiert).

Zug Nr. 4 bestand außer der Lok aus folgenden 19 Fahrzeugen: 1 Wagen mit der Meßeinrichtung, 2 Zubehörwagen, 1 Wagen mit den Wangenstangen, 1 Wagen mit der Wiege, 1 Mannschaftswagen, 1 Wagen mit Abstützung/Kranführung, 2 Wagen mit den Brückenhälften, 1 Wagen mit dem Mantelrohr, 2 Wagen mit Einbauvorrichtungen, 1 Wagen mit Hilfsgeräten zum Rohreinbau, 1 Wagen mit dem Seelenrohr, 1 Wagen mit dem Ansetzer und Zubehör, 1 Wagen mit dem Ladetisch und den beiden Munitionsaufzügen, 1 Wagen mit Luftflaschen, 1 Wagen mit dem Bodenstück. Der Zug wies eine Länge von 362,9 m auf und hatte ein Gewicht von 1335,5 t.

Zug Nr. 5 bestand außer der Lok aus 9 Fahrzeugen: in 4 Wagen befanden sich die Geschosse, in 2 Wagen die Kartuschen, in 1 Wagen die Klimaanlage, in 1 Wagen fuhr die Wache, 1 Wagen trug die Flak. Dieser Zug war 149,4 m lang, das Gewicht betrug 604,3 t.

Weil die deutschen Eisenbahnpioniere wider Erwarten ungewöhnlich rasch die russischen Eisenbahnstrecken auf deutsche Normalspur »umgenagelt« hatten, konnte auf die Achsveränderung verzichtet werden.

Die Fahrt der »Dora«-Heerwürmer begann in der ersten Aprilhälfte und führte von Rügenwalde über Gotenhafen–Bromberg–Krakau–Lemberg–Dnjepopetrowsk–Saporoshje–Militopol bis Simferopol auf der Halbinsel Krim, wo die Sonderzüge bis Ende April 1942 eintrafen. Hier verblieben sie zunächst, alle gut getarnt. Der einzigartige Geschütztransport wurde, abgesehen von einigen Verzögerungen, ohne »besondere Vorkommnisse« bewältigt.

Teil eines Sonderzuges mit getarnten Lasten (hier nach Ankunft in der Feuerstellung bei Sewastopol).

Einsatz vor Sewastopol

Im Rahmen des deutschen Angriffs auf die Land- und Seefestung Sewastopol im Juni 1942 (Unternehmen »Störfang«) stellte das Oberkommando des Heeres artilleristische Mittel bereit, wie sie in dieser Konzentration und Kalibervielfalt im Verlauf des Krieges nie wieder erreicht wurden.

Über die Hälfte der Rohrartillerie bestand aus schweren und schwersten Batterien der Kaliber 21, 24, 28, 30,5, 42, 60 (schwerstes Steilfeuergeschütz = »Karl«-Gerät) und 80 cm (»Dora«). Auf einer Breite von 35 km standen mehr als 600 Geschütze (Bereich des Höheren Artilleriekommandos 306 [Harko 306] Generalleutnant Johannes Zukkertort).

Im Rahmen des bevorstehenden Feuerschlages war der »Dora« eine besondere Rolle zugedacht. Das Geschütz sollte die schwersten Festungswerke sturmreif schießen. Das klingt nach Artillerie-Alltag, setzte aber in diesem Fall umfangreiche und unübliche Vorbereitungen voraus. Auf irgendwelche ähnliche Unternehmungen konnte man nicht zurückgreifen. Noch nie mußte die Truppe in einem schwer umkämpften Frontabschnitt ein praktisch unbewegliches Geschütz von weit über 1000 t in Stellung bringen. Noch nie hatte man einen solchen Koloß tief in Feindesland quasi vor der Nase eines sehr tapferen und zähen Gegners aufbauen müssen. Wie wollte man verhindern, daß die überaus verräterischen Aktivitäten nicht schon in den Anfängen erkannt und entscheidend gestört wurden?

Der Kommandierende General Hansen, bei dessen LIV. Armeekorps der Schwerpunkt des Angriffs im Norden lag (Süden = XXX. Armeekorps), in einer Lagebeurteilung: »Voraussetzung für den Einsatz schwerer Eisenbahngeschütze ist die Ausschaltung der russischen Luftüberlegenheit. Zur Zeit ist der Russe – infolge seiner im Verhältnis zum deutschen Einsatz zahlreichen Flugzeuge und besseren Startmöglichkeiten – in der Lage, fast bei jedem Wetter aus der Luft die H.K.L., die Artillerieräume, Nachschubstraßen und rückwärtigen Einrichtungen anzugreifen ... Alle Bewegungen im Hintergelände werden vom Russen schärfstens aus der Luft verfolgt und beobachtet, so daß alle Verschiebungen und größeren Bewegungen in die Nacht verlegt sind. Den Bahnbetrieb (Simferopol, Bachtschissaraj) sucht er durch Bombenangriffe zu stören. Die gewaltigen, mit dem Einbau der Eisenbahngeschütze verbundenen Arbeiten und die dabei eingesetzten zahlreichen Arbeitskräfte wären daher in stärkstem Maße feindlicher Einwirkung aus der Luft ausgesetzt ... Der Feind kann jedoch auch die möglichen Einsatzorte (der E-Geschütze) mit seiner weittragenden Artillerie mit Luftbeobachtung beschießen, wie er es mit viel kleineren Objekten bereits getan hat. Der Einsatz schwerer Eisenbahngeschütze zum Angriff auf die Festung ist an und für sich erwünscht, sofern die Vorteile im angemessenen Verhältnis zu den Nachteilen stehen. Ob das beim in Frage kommenden Eisenbahngeschütz (gemeint ist die «Dora») der Fall ist, erscheint dem Gen. Kdo. fraglich ... Zudem sind die Forts, Werke und Panzerbatterien – die sich mit Objekten z.B. der Maginotlinie nicht vergleichen lassen – zwar eine starke Stütze der Verteidigung, aber, wie bereits ausgeführt, nicht ihre Hauptstärke. Der Vorteil des Einsatzes dieses Eisenbahngeschützes für die Entscheidung des Angriffs ist daher nicht ausschlaggebend zu veranschlagen und zudem unsicher bei einem gewaltigen Aufwand an Personal und Material ... Entscheidend dürfte aber die Frage der Transportbeanspruchung durch Antransport und Materialbedarf ins Gewicht fallen ... Nur wenn durch Antransport und Einbau des Eisenbahngeschützes die Schaffung dieser Grundbedingungen in keiner Weise beeinträchtigt wird, kann sein Einsatz als Vorteil bewertet werden. Anderenfalls müßte d.E. darauf verzichtet werden.«

Klare Worte, die eindeutig belegen, daß die Truppe über das Kuckucksei, das die oberste Führung ihr ins Nest gelegt hatte, keineswegs begeistert gewesen ist. Aber das Ei lag im Nest und mußte ausgebrütet werden. Zu dem Zeitpunkt, als die Bedenken zu Papier gebracht wurden, stand der Einsatz schwerster Artillerie längst fest.

Bereits im März 1942 (!) teilte das Armeeoberkommando 11 dem Generalkommando LIV.A.K. zehn Ziele mit, »die für Karl und Dora in Frage kommen können«. Und es befahl: »LIV.A.K. hat feststellen zu lassen, welche der Ziele 1–10 im einzelnen von den 4 B.-Stellen zu sehen sind und zu klären, ob die Beobachtung voll ausreicht, um ein Schießen gegen die 10 Ziele mit Augenbeobachtung bzw. im Anschnittverfahren durchführen zu können.«

Nach zahlreichen Erkundungen aus der Luft und im Gelände, Besprechungen über Zielverteilung und taktischen Beurteilungen des Munitionseinsatzes für »Dora« standen schließlich die Ziele für das Geschütz fest: Küstenbatterie südwestlich »Maxim Gorki«, Kasernen-

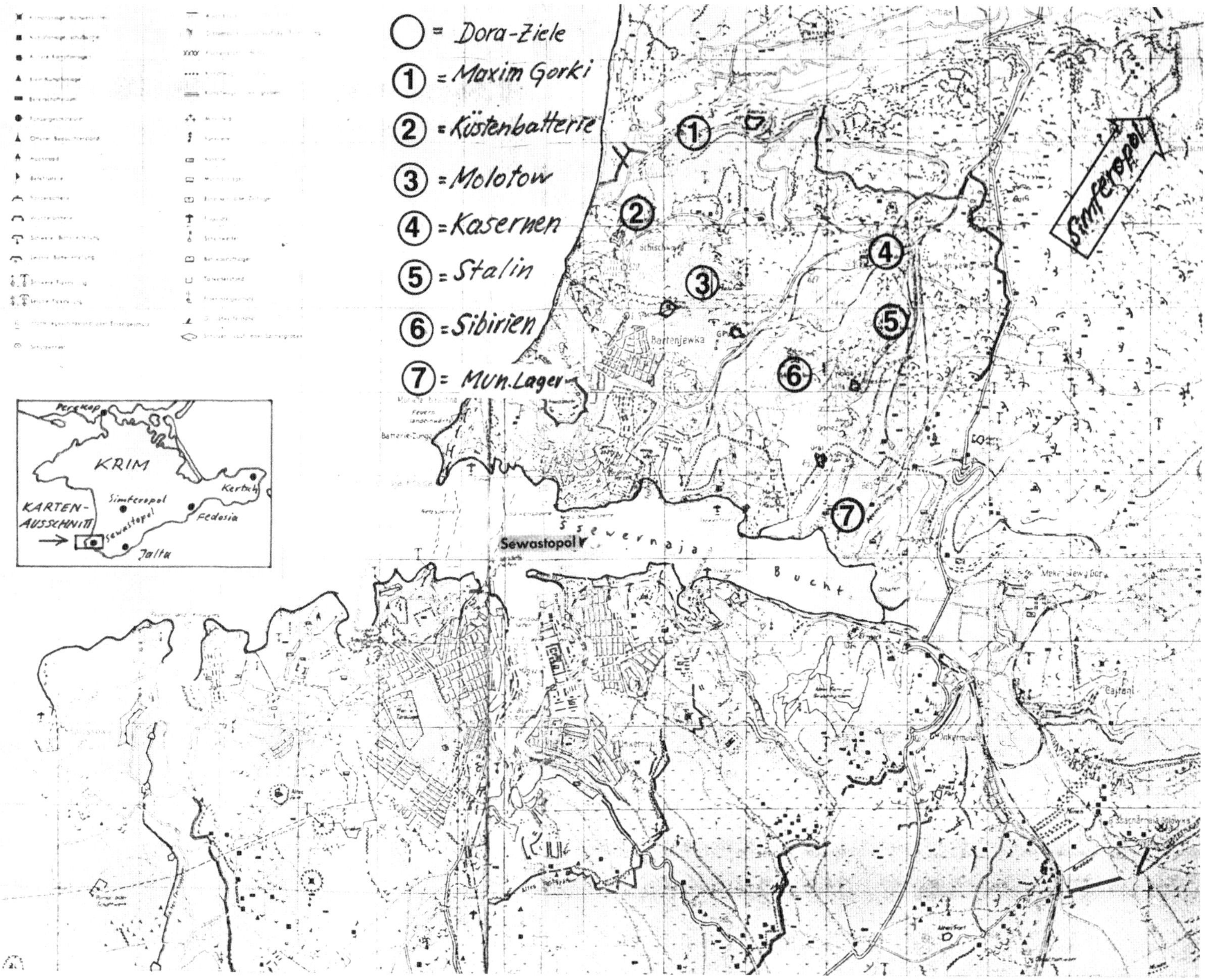

Für »Dora« festgelegte Ziele.

block, Fort »Stalin«, Fort »Sibirien«, Fort »Molotow« und Munitionslager »Weiße Klippe«. In weiteren Befehlen, Feuerplänen und Munitionsverteilungsplänen wurden die Schüsse, mit denen »Dora« die einzelnen Ziele zu bekämpfen hatte, zahlenmäßig genau festgelegt. Die 80-cm-Geschosse waren knapp, und so sollte möglichst jeder Schuß treffen und wirken. Die befohlenen Ziele lagen 25 bis 35 km von der »Dora«-Feuerstellung entfernt. Die Feuerstellung hatte Oberstleutnant Böhm persönlich erkundet; sie befand sich zwei km südlich des Ortes Bachtschissaraj – fünf Bahnstationen vor der Stadt Sewastopol.

Als die Geschütz-Sonderzüge nach und nach in Simferopol eintrafen, befand sich die Feuerstellung noch im Bau. Der Begriff Feuerstellung gibt in diesem Fall einen höchst unvollkommenen Eindruck von der Anlage wieder, denn die entsprach durchaus einem Rangier- beziehungsweise Verschiebebahnhof (siehe Schemaskizze »Frontgleisplan«).

Für die Erdbewegungsarbeiten einschließlich des Durch-

Beide Abbildungen: Bau der Feuerstellung, hier die Schießkurve.

stechens eines Hügelzuges (in dem Hügeleinschnitt fand das Geschütz eine einigermaßen brauchbare Deckung) waren rund 1500 Zivilkräfte (meist Hilfswillige) beteiligt. Für deren Anleitung sowie für Spezialarbeiten befanden sich etwa 1000 Mann der Organisation Todt in der Feuerstellung. Rund 60 Eisenbahnpioniere und Krupp-Gleisbauspezialisten besorgten das Verlegen der Gleise und den Einbau der Weichen.

Die Gesamtanlage war etwa 2000 m lang. Nach der ersten Weiche, die das Zuführgleis (von Bachtschissaraj) zum Doppelgleis erweiterten, folgte nach 260 m die zweite Weiche, die die Anlage nun auf drei Gleise auffächerte. Dieses dritte Gleis führte an der doppelgleisigen Aufbaubeziehungsweise Montagestrecke vorbei und mündete vorne noch weit vor der Schießkurve ein. Es diente unter anderem zum Umfahren der Montagestrecke. Die etwa 900 m lange dreigleisige Strecke wurde links und rechts begrenzt von den Kranschienen. Nach dem Aufbau des Geschützes dienten die Kräne als Munitionsschlepper (Umladen auf Zubringerwagen).

Um ein übermäßiges Setzen der Gleise in der Schießkurve zu verhindern, ordnete man die Schwellen in extrem enger Folge an. Die (überlangen) Schwellen, entweder durchgehend oder (an bestimmten Gleisstellen) zusammengefügt, sollten überdies ein unterschiedliches Setzen der einzelnen Schienenstränge und damit ein Verkanten des Geschützes auf ein Minimum beschränken. Zwischen den Schienensträngen wurden schließlich noch sogenannte Auflage- beziehungsweise Stützkörper verlegt. Sie dienten zur Stabilisierung der Schienenstränge, auf denen wiederum die Abstützungen (Hydraulikstempel) des Geschützes lasteten. Diese entlasteten die Achsen beim

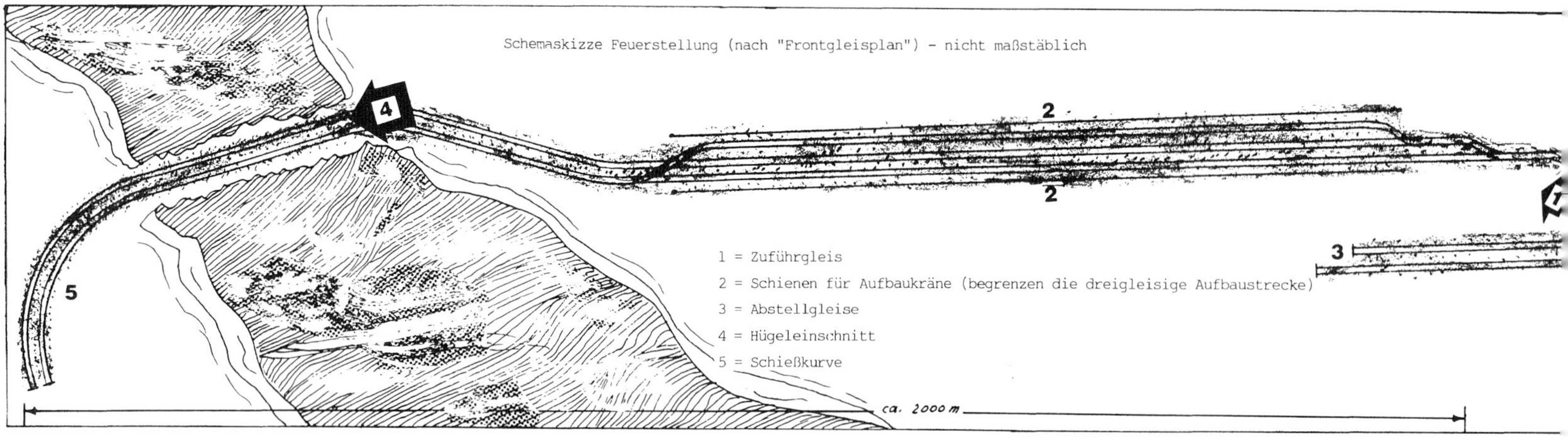

Schießen und verhinderten ein Entgleisen.
Nach rund vier Wochen Bauzeit war die Feuerstellung fertig. Links und rechts, parallel zu den Gleisen (bis auf die Schießkurve) dienten schräg aufgezogene Tarnnetze als Sichtblenden. Gegen eine Entdeckung aus der Luft hatte man nichts weiter unternommen, abgesehen von Einnebelung. Die umfangreichen Gleisanlagen ließen sich nicht tarnen, ohne den Betrieb zu stören.
Von ursprünglich zwei geplanten Scheinstellungen gelangte nur eine zur Ausführung, 4,6 km westnordwestlich der »Dora«-Stellung. Die dort aufgebaute Papp-»Dora« fiel Ende Juni 1942 einem Luftangriff »zum Opfer«. Zur Sicherung der echten Feuerstellung hatte man aufgeboten: Flakschutz in Form einer auf 400 Mann verstärkten Flakabteilung; zwei rumänische Kompanien Wachpersonal (300 Mann); ein 40 Mann umfassendes Feldpolizei-Kommando; ein Zug Hundeführer (30 Mann) mit Schäferhunden für Sabotageabwehr. Außerdem wurde die Feuer-

Aus einer Ju 87 der 7./St.G.77 fotografiert: »Dora«-Feuerstellung mit Aufbaustrecke. Im Hintergrund Bachtschissaraj. Foto: Otto Schmidt via Taube

Der Geschützaufbau geht der Vollendung entgegen.

Blick vom Ende der Aufbaustrecke in Richtung Schießkurve.

»Dora« im einigermaßen getarnten Hügeleinschnitt.

stellung großräumig von Drahthindernissen umgeben. Rechnet man den Luftwaffeneinsatz (Jagdschutz, Geländeerkundung, Fliegerbeobachtung und Zielaufklärung) sowie das Stammpersonal der »Dora«-Abteilung hinzu, kommt man auf rund 5000 Mann, die allein für den Feldeinsatz des Geschützes mobilisiert wurden!

Am 26. Mai 1942 erging Befehl, die im Hinterland bei Taschlyk-Dair abgestellten Geschütz-Sonderzüge zur Feuerstellung zu bringen. Unter Jagdschutz rollten die unter Planen verstauten Geschützteile und das komplexe Zubehör heran. Drei Tage lang, bis zu jeweils 18 Stunden, schufteten und schwitzten die Männer im subtropischen Klima der Halbinsel Krim – dann endlich stand die Kanone aufgebaut und feuerbereit da.

5. Juni 1942: Der erste Schießtag für das 80-cm-Geschütz. Wie Oberstleutnant Böhm bereits im April erkundet und vorgeschlagen hatte, sollte der erste Schuß dem »Kasernenblock« gelten. Dieses stützpunktartig ausgebaute Objekt bot sich deshalb an, weil es erstens ideale Beobachtungsmöglichkeiten hinsichtlich des Aufschlagverhaltens des Geschosses bot und zweitens, weil der erste Schuß als »Rohranwärmer« für das Einschießen auf Punktziele kaum zum Auswerten dienen konnte – wegen der Ausdehnung des Zieles selbst bei großer Streuung aber durchaus noch Wirkung zeitigen dürfte.

Um 5.35 Uhr feuerte »Dora« den ersten Frontschuß ab. Ein ehemaliger Kanonier: »Die K 5, von der ich kam, war ja schon eine dicke Klamotte. Aber diese ›Dora‹, das Rohr so groß wie ein Fabrikschornstein, wenn die losbrüllte, dieses Krachen und das Zittern des Bodens, das kann man gar nicht so richtig beschreiben.«

Die außergewöhnlichen Umstände des Ladens und die noch fehlende Routine der Bedienungsmannschaft, das Erfassen aller wichtigen Parameter (u.a. Messen der V_0,

Blick auf die Schießkurve und in Richtung Zielgebiet.

Temperatur des Treibladungspulvers, Luftfeuchtigkeit, Windverhältnisse) ließen zwei Stunden vergehen, ehe Schuß Nummer 2 den Riesenschlund verlassen konnte. Zwischen Schuß 7 und 8 lagen nur noch 36 Minuten. Ein beachtlich kurzer Zeitraum, wenn man sich allein den Ladevorgang vor Augen hält:

- Das 7-t-Geschoß auf die Munitionstransportkarre verbringen;
- Munitionstransportkarre auf die Aufzugsplattform rollen;
- Aufzugsplattform mit dem Elektroaufzug nach oben zur Ladebühne fahren;
- Geschoß von der Karre auf den Ladetisch umladen und mittels hydraulischem Ansetzer ins Rohr verbringen;
- auf dem gleichen Weg (zweiter Aufzug) Treibladung (Hülsen- und Beutelkartuschen) zur Ladebühne fahren;
- Kartuschen ansetzen;
- Verschluß fahren;
- Höhenrichtmaschine fahren (zuvor Ladetisch wegklappen);
- nach dem Schuß Rohr senken, leere Kartusche entnehmen und wieder nach unten verbringen.

Die Schüsse 2 bis 9 galten der Küstenbatterie südwestlich des Forts »Maxim Gorki«. Im Zielgebiet registrierten die B-Stellen bis zu 160 m hohe Spreng- und Rauchwolken. Die geringste Abweichung am Ziel wies Schuß 7 auf (Eintrag: »Länge m + 10«); die größte Abweichung hatte Schuß 2 (»Länge m – 740«).

Die Männer hatten sich, wie schon erwähnt, hervorragend aufeinander eingespielt. Verzögerungen, die am ersten Schießtag auftraten, waren technischen Ursprungs: Störung am Munitionsaufzug, ein Zündungsversager und eine Hemmung am Verschluß.

Die letzten sechs Schuß verfeuerte »Dora« auf das Fort »Stalin«, das letzte Geschoß röhrte kurz vor 20 Uhr Richtung Ziel. Wie aus dem Blatt »Trefferbilder Doraschüsse« ersichtlich, konnte nur ein Schuß als Treffer angesehen werden. Die anderen lagen mit 150 bis 200 m zu kurz sowie mit 65, 120 und 155 m zu weit. Im Grunde stellten diese Schießleistungen durchaus vertretbare Werte dar. Diese Erkenntnis konnte indessen nur ein schwacher Trost sein, denn man hatte ja nicht Volltreffer verzeichnen können. Und nur solche sind bei Punktzielen von Bedeutung. Von Interesse waren für die Experten auch die Beschaffenheit und das Aussehen der Einschläge der »Dora«-

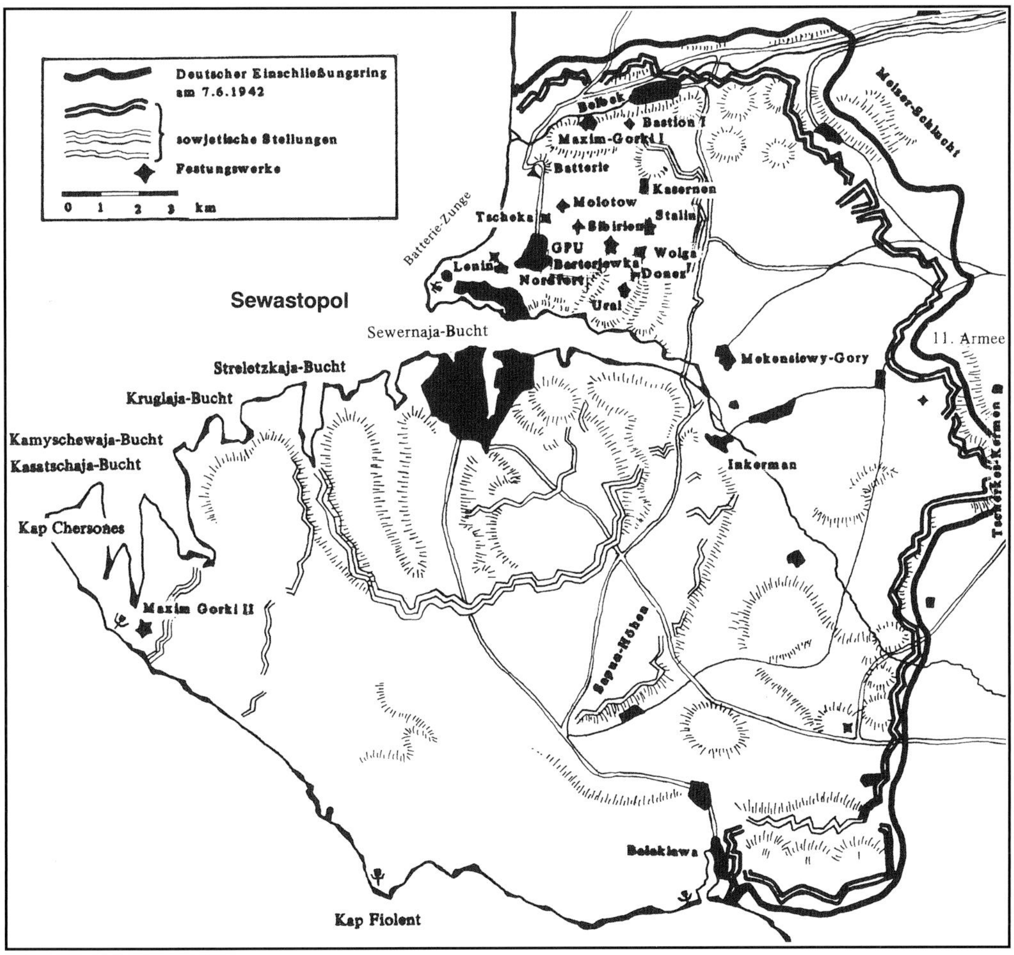

Festungsbereich Sewastopol.

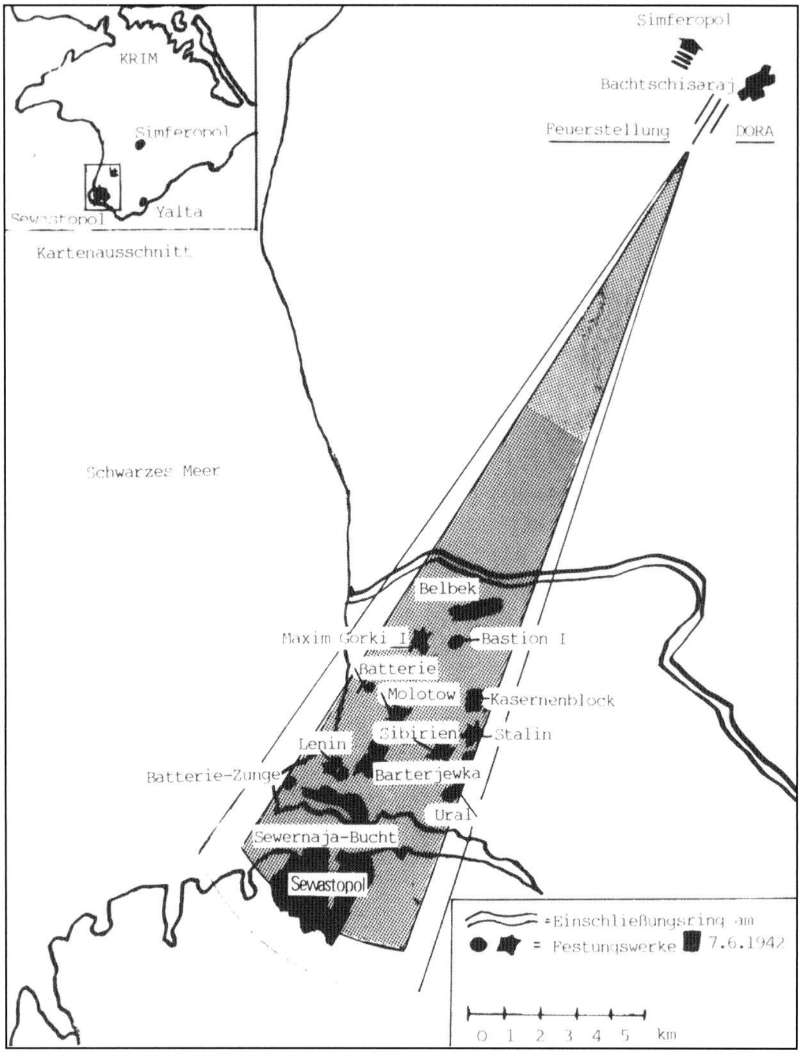

Bestreichungswinkel.

Geschosse. Doch diese konnten erst später gesucht, identifiziert, vermessen und beurteilt werden.
Zunächst erste Erfahrungen des ersten Schießtages, die in zahlreichen Berichten, Niederschriften und Meldungen ihren Niederschlag fanden. Schon ein erster Blick auf die technischen Erfahrungsberichte offenbart, daß das Wirken des ersten Schießtages eher ein friedensmäßiges Erprobungsschießen als ein Fronteinsatz gewesen ist.
Die V_0-Messungen ergaben, daß die Geschosse mit erheblichen Streuungen das Rohr verlassen hatten. Auszug aus dem betreffenden Krupp-Bericht: »5. 6. 42 (Küstenbatterien). Hierbei sind 2 Schüsse als Ausreißer zu werten; Schuß Nr. 2 als Anwärmer und Schuß Nr. 9, der vor seiner Abgabe 57 Minuten lang im warmen Rohr lag ... Eine weitere Ursache über die noch verhältnismäßig großen V_0-Streuungen konnte nicht ermittelt werden; es wird jedoch vermutet, daß die Temperierung der Kartuschen, die in diesem Fall infolge der hohen Außentemperatur (ca. 35 Grad Celsius) stark unterkühlt wurden, nicht gleichmäßig genug war.«
Nachfolgender Auszug aus dem Einsatzbericht erhellt, mit welchen Dingen sich die Männer herumschlagen mußten (ihre Waffe war alles andere als frontreif): »Bei den ersten

Flakstellung zum Schutz der »Dora«-Feuerstellung (im Hintergrund gerade feuernd).

Schüssen wurde viel Zeit gebraucht, weil die Mannschaft noch nicht genügend eingespielt war ... Die Abstandstangen zum Einstellen der MK- und MG-Wagen am Gerät wurden nicht verwendet, da Einfahren der Wagen genügend genau möglich war, nachdem Rangierer und Lokführer sich eingespielt hatten. Beim ersten Anfahren wurde eine Tür am MG-Wagen beschädigt. Im MK-Wagen müssen 6 Mann eingeteilt sein, damit beim Hochkurbeln der Kartuschen Ablösung vorhanden ist. Die Zeit im MK-Wagen wird zu knapp, wenn jeder Schuß laboriert werden muß. Beim ersten Schuß wurde jede Kartusche einzeln angesetzt, da die erste Vorkartusche stark oval geworden war ... Das Kuppeln der leeren Kartuschmuldenteile auf der Ladebühne machte Anfangs Schwierigkeiten, spielte sich aber bald ein. Kupplungsteile gut einfetten! Das Nachladen der Kartuschen, die gleichzeitig laboriert werden, mußte sich erst einspielen ... Nach dem Schießen wurde das Rohr gereinigt. Die Arbeit war um 22.30 Uhr beendet.«

Einem artillerieerfahrenen Gegner konnte der Einsatz eines allerschwersten Geschützes kaum verborgen bleiben. Nach dem ersten Schießtag wartete man deshalb gespannt auf mögliche Reaktionen der Sewastopol-Verteidiger. Erst nach dem Fall der Festung erfuhr die deutsche Führung, daß der Russe zu keiner Zeit die echte Feuerstellung aufgeklärt hat. Freilich hatte man für einen derartigen Fall vorgesorgt. In einem Artillerie-Befehl des Harko 306 heißt es unter anderem: «Besonderer Schutz für Dora und Karl. Sofern Dora oder Karl unter Artilleriefeuer genommen werden sollten, ist es Aufgabe der Bb. 556 und 31, schnellstens zu melden, von woher das Art.-Feuer kommt. Für den Sonderschutz der schwersten Geräte sind vorgesehen: Bttr. 688, 1./641, Bttr. 502, 1./767 und 2./767. Sofern die B. Abtn. nicht umgehend die Koordinaten (wiederaufgelebtes, bekanntes Ziel) melden können zwecks Durchführung sofortigen Planschießens, sind sofort die feuernden Bttrn. taktisch (ungefähre Ortsangabe) zu melden, um einen Art.-Flieger ansetzen zu können.«

Feuerschlag aller Kaliber vor Sewastopol, hier 21-cm-Mörser 18.

Feuernde Batterien vor Sewastopol.

Rechts, von oben nach unten:
Die feuernde Haubitze (Wochenschau-Auszug).

Selbst Veteranen hat man mobilisiert: alte Kruppsche 28-cm-Bettungshaubitze.

60-cm-Steilfeuergeschütz (»Karl«-Gerät) in der Feuerstellung vor »Maxim Gorki«.

60-cm-Schlund des »Karl«-Geschützes.

Einschläge schwerer Kaliber im Raum Sewastopol.

Die russischen Verteidiger kämpfen tapfer und verbissen.

Nur das tiefverwurzelte Festungs- und Kanonendenken eines Adolf Hitler war es, das diesen Aufwand hervorbrachte. Natürlich waren er und das OKH über das Befestigungssystem Sewastopols bestens im Bilde. Es umfaßte außerhalb des Stadtkerns drei Hauptverteidigungslinien mit 350 km Bunkergürtel, Verbindungsstollen und -gräben zwischen betonierten und gepanzerten Werken und Kampfständen. Jedes Fleckchen Erde, das der Russe nicht befestigt hatte, war mit Stacheldrahthindernissen und/oder Minenfeldern übersät (im Rahmen der Angriffshandlungen räumten deutsche Pioniere nicht weniger als 137000 Minen).

Nach Unterlagen des Armeeoberkommandos befanden sich im Juni 1942 in der Festung Sewastopol: das Oberkommando der Küstenarmee (General Petrow), sieben Schützen-Divisionen, eine Kavallerie-Division (ohne Pferde), drei Marine-Brigaden sowie mehrere Panzer-Bataillone und selbständige Regimenter. An Artillerie standen den Verteidigern zur Verfügung: zehn Artillerie-Regimenter, ein Pak-Regiment, zwei Granatwerfer-Abteilungen und 45 schwere Geschütze (bis 30,5 cm); insgesamt rund 600 Rohre und 2000 Granatwerfer.

Ähnlich wie heute Erderkundungssatelliten für jedes Gebiet auf der Erde exakte Meßtischblätter liefern, »tasteten« die Männer der deutschen aufklärenden Artillerie die gesamte Festungsregion mit ihren technischen Mitteln ab und übertrugen ihre Erkenntnisse in die Angriffskarten. Aufgeklärt wurden: Kampfanlagen, bombensicher beziehungsweise schußsicher; Klein-Kampfanlagen; Bereitschaftsräume; Panzergeschütztürme; Beobachtungsstände; Hochstände; Befehlsstellen; Panzerbatterien; Wanderbatterien; schwere Batteriestellungen, schwere Flakstellungen, Infanteriegeschützstände, Einzelgeschütze, Schützennester; ausgebaute Schützengräben; ausgebaute Feldstellungen; Flächendrahthindernisse; Kampfwagenhindernisse; Minenfelder; Funkstellen, Kasernen; Munitionslager; Baracken- oder Zeltlager; Flugplätze, Scheinwerfer; Betriebsstofflager; Flak; Granatwerferstände sowie Lauf- oder Splittergräben.

In diesem Festungsgebiet bekämpfte »Dora« am 5., 6., 7., 11. und 17. Juni 1942 hauptsächlich die sogenannten Forts, mehrstöckige Kasemattenlabyrinthe aus Beton, teilweise tief ins Erdreich oder in felsigen Untergrund getrieben. An den fünf Schießtagen verfeuerte das 80-cm-Geschütz 48 Panzergranaten. Zwei bzw. fünf Schuß wurden als Volltreffer beobachtet. Das mag auf den ersten Blick ein klägliches Ergebnis sein. Auf den zweiten Blick aber ist das Ergebnis als Teilerfolg zu werten. Denn immerhin hat es die »Dora«-Mannschaft vermocht, mit einem vergleichsweise unerprobten Geschütz sowie einer viel zu wenig erprobten und unausgereiften Munition Punktziele zu treffen, die in rund 30 km Entfernung lagen (Punktziele mit wenigen 100 m Seitenlinien).

»Dora« im Einsatz. Im linken Munitionsaufzug das Geschoß, rechts die Ladung.

Fahrzeugaufstellung hinter dem Geschütz während des Ladevorgangs; die beiden Diesel-Doppelloks, davor Geschoß-, Kartusch- und Temperierwagen.

Feuerbereite »Dora«.

Das Rohr ist in die befohlene Erhöhung gefahren worden.

Gleich kracht es: typische Haltung der Artilleristen.

Feuer!

Nach dem Schuß: Rohr wieder in Ladestellung, letzte Rauchspuren wehen davon.

Leere Kartuschhülse auf dem Weg zurück.

Umladen der Munition in die M/K-Wagen, hier eine Beutelkartusche.

Erneutes Laden.

◁
Rohr wieder in befohlener Erhöhung. Die Wagen werden gleich vom Geschütz zurückgenommen.

Nur ein paar Lärmunempfindliche beobachten das infernalische Getöse aus relativer Nähe (links).

◁
Abermals feuerbereit.

Feuernde »Dora«, aus ein paar hundert Metern Entfernung aufgenommen.

»Dora« feuert mit größtmöglicher Rohrerhöhung.

Feuern bei geringer Rohrerhöhung.

Das Geschütz »nebelt« sich mit eigenem Rauch ein.

Der wohl spektakulärste Beschuß fand seinen Niederschlag im Kriegstagebuch des LIV. Armeekorps mit diesem Eintrag vom 6. Juni 1942: »Meldung Höh. Art.Kdr.306: Dora beschoß Fort ›Molotow‹ mit sieben Schuß, die etwas kurz lagen, und ›Weiße Klippe‹ mit 8 Schuß. Davon lagen 5 Schuß nach Fliegerbeobachtung über den Eingängen der Muni-Kammern, wobei starke Rauchbildung und Stichflammen auftraten.« Wie später aufgeklärt werden konnte, hatte »Dora« mit zwei oder drei Treffern dieses große Munitionslager am Nordrand der Sewernaja-Bucht vernichtet. Das lag rund 30 Meter (!) unter der Erde. Die eindrucksvollen Treffer »wirkten« bis ins Führerhauptquartier, allerdings nicht so, wie die Truppe es sich gewünscht hätte. Der denkwürdige KTB-Eintrag: »Von Heeresgruppe wurde angerufen, daß der Führer sehr aufgebracht sei, weil Dora auf das Mun.-Lager Weiße Klippe gefeuert hat. Der Führer äußerte sich dahingehend, daß dies kein Ziel für Dora sei, dieses Geschütz sei nur für betonierte Kampfstände da. Dora nur noch Feuer frei auf betonierte Kampfstände!« Dies zum Thema der gefürchteten und gehaßten Einmischungen Hitlers bis in einzelne Feuerstellungen hinein.

Beobachter: Wie ist die Wirkung der 7-Tonnen-Geschosse?

Originalskizze der Schw.Art.Abt. (E) 672.

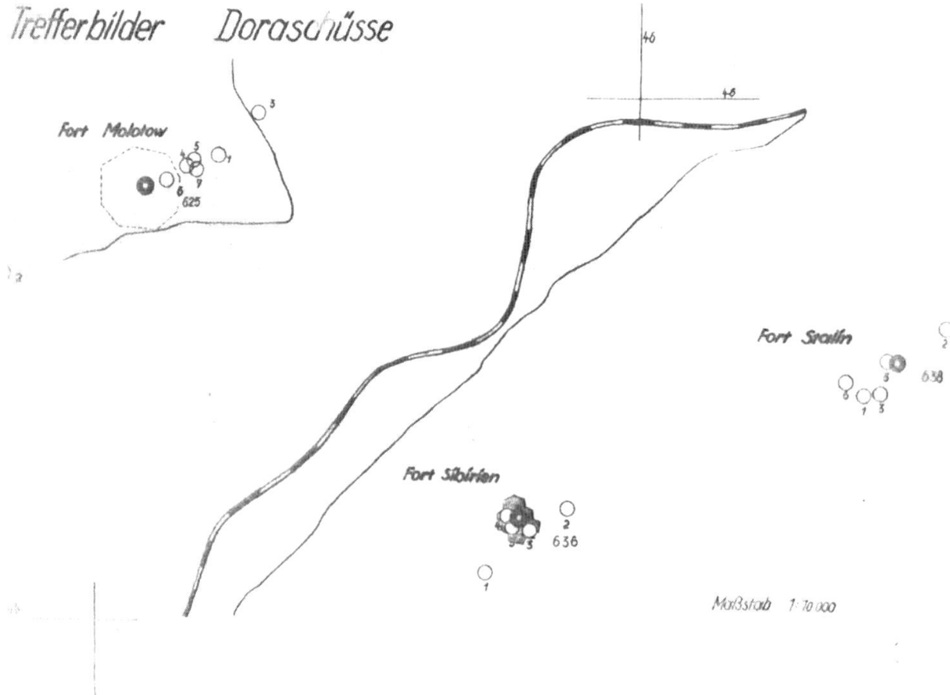

Artilleristen fotografierten mit der »Box« die Wirkung ihrer Waffen: »Mondlandschaft« nahe Fort »Maxim Gorki« nach Beschuß durch die Geschütze »Karl« und »Dora«.

Zerstörtes Eingangswerk von »Maxim Gorki«.

Zerstörtes Eingangswerk von »Maxim Gorki«.

Rechts: Nordost-Panzerturm von »Maxim Gorki« nach der Einnahme.

Unten: Getroffenes Kommandogerät für »Maxim Gorki« auf »Bastion«.

Einschläge von »Dora«-Panzergranaten im festen Kalksandstein (A) und im bröckeligen Kalkboden (B).

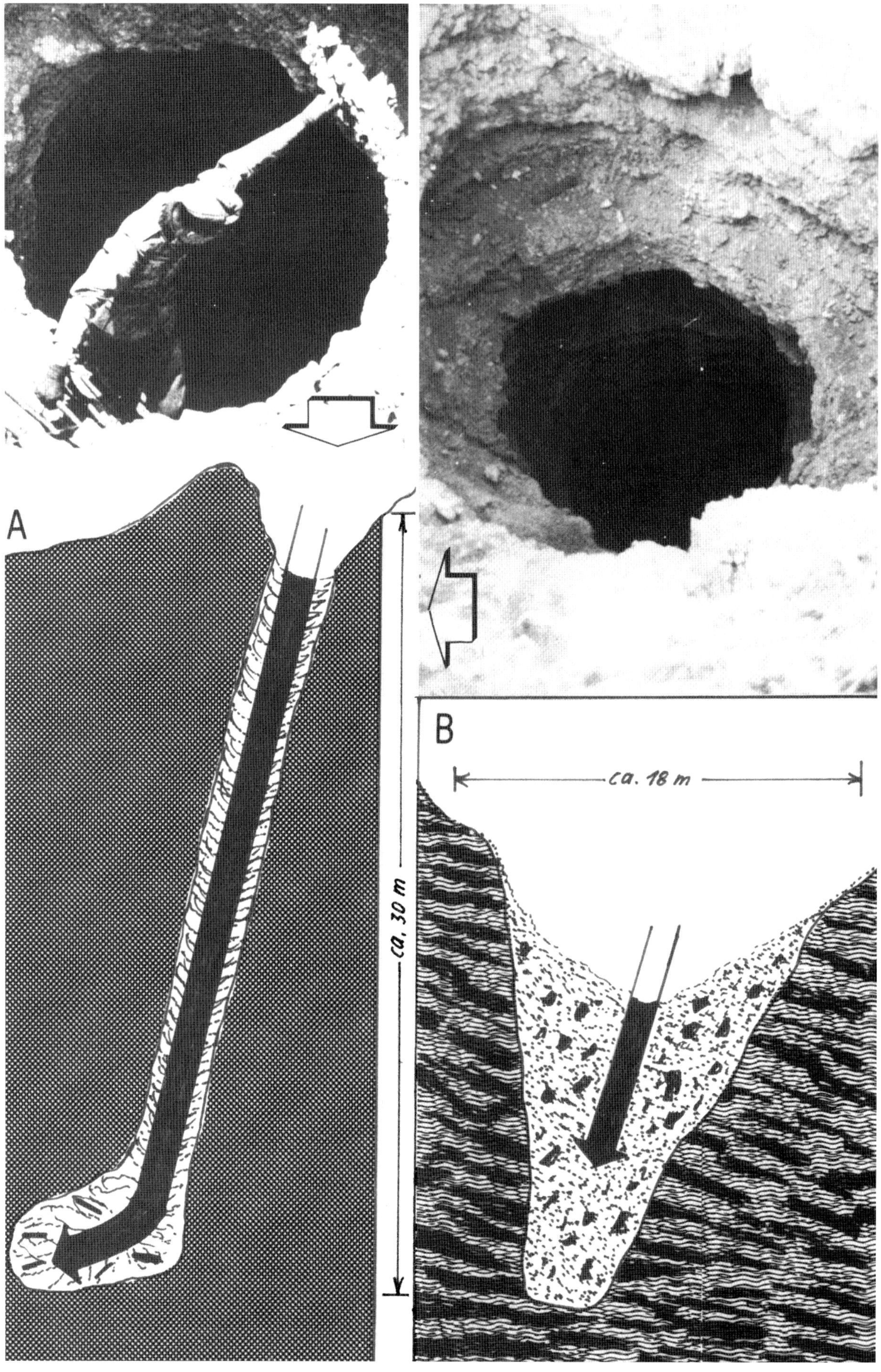

Nach Aussagen gefangener russischer Fortbesatzungen verursachten Stuka-Bomben in »Maxim Gorki« nur leichte Erschütterungen. Sie hätten in keiner Weise das Geschehen unterbrochen oder beeinträchtigt. Moralisch verheerend sei jedoch das Einschlagen allerschwerster Kaliber gewesen, weil niemand wußte, was da eigentlich schießt, um was es sich überhaupt handelt. Etliche Männer seien in Panik geraten und nicht mehr einsatzfähig gewesen.

Mit dem Vorrücken der deutschen Angreifer wurde es den »Dora«-Experten möglich, die Wirkung der Geschosse an Ort und Stelle zu begutachten. In einer Meldung über die »Wirkung der Dora-Schüsse« der Schw. Art. Abt. (E) 672 an den Harko 306 heißt es unter anderem: »Am Fort Stalin wurde die Lage der Trichter festgestellt. Die durchschnittliche Trichterweite beträgt ca. 12–15 Meter, die Tiefe etwa 3–4 Meter. Infolge der lockeren und bröckeligen Bodenbeschaffenheit muß damit gerechnet werden, daß die ursprünglich tieferen Trichter später teilweise eingefallen sind.«

In der gleichen Meldung wird das Ergebnis einer Vernehmung eines übergelaufenen russischen Marinesoldaten erwähnt: »Der Gefangene hat verschiedene Einschläge selber gesehen. Diese sind nicht trichterförmig, sondern zylinderförmig, entsprechend dem Einfallwinkel schräg geneigt bei etwa 15 Meter Tiefe und einem Durchmesser von nur wenigen Metern. Infolge des festen Gesteins der Nordspitze (meist Kalkfelsen) seien die Einschläge meist gut erhalten und einwandfrei zu erkennen.« Völlig aus dem Rahmen fiel ein 32 m tiefes Loch: ein identifizierter Einschlag einer »Dora«-Panzergranate mit einem Durchmesser von etwa einem Meter. Die Geschoßkanalwände waren nahezu vollständig – wie bei einem Brunnenschacht – stehengeblieben. Am Boden des Schachtes fand der Auswertetrupp eine kavernenartige Ausbuchtung, entstanden durch die Sprengladung, die in dieser Tiefe allerdings nichts weiter bewirkte als eben die höhlenartige Erweiterung.

Vor dem Abbau des Geschützes erhielt die »Dora«-Abteilung aus Essen fünf Sprenggranaten zur Erprobung in Feindesland. Sie wurden auf die Weichteile der Stadt Sewastopol und auf See verschossen. Das Versuchsschießen diente der Erprobung der Haltbarkeit der Geschosse, der Sprengladung, Zünder und des Rohres bei größerer V_0, sowie gleichzeitig einer Neubearbeitung der Schußtafel. Schuß Nr. 5, auf die Stadt verfeuert, verursachte dort gemäß Meßstellen eine Rauchwolke von 200 m Breite und 350 m Höhe.

Nach dem Fall Sewastopols gönnte Hitler den Eroberern keine Ruhepause. Höchstpersönlich kümmerte er sich sofort weiter um die »Dora«. Vom OKH erging mit Datum vom 2. Juli 1942 folgendes Schreiben (Geheime Kommandosache): »Der Führer hat den Einsatz des Dora-Gerätes bei H. Gr. Nord befohlen. Alle Vorbereitungen sind so zu treffen, daß die Einsatzbereitschaft des Gerätes ab 25. 8. bei H. Gr. Nord sichergestellt ist ... I. A. gez. Heusinger«. Der Einsatz des Geschützes bei der Heeres-Gruppe Nord bedeutete, daß es mitwirken sollte beim Beschuß der Stadt Leningrad. Dazu kam es aber nicht mehr. Zwar wurde das Geschütz in einem Waldgelände vollständig aufgebaut, aber die sowjetische Gegenoffensive (Schlacht am Ladoga-See) veranlaßte das OKH, die »Dora« schleunigst abzuziehen. Nach überhastetem Abbau rollten die Geschütz-Sonderzüge Richtung Rügenwalde.

Hier trat das Geschütz im März 1943 letztmalig in Erscheinung. Nach einer Grundüberholung sowie dem Einbau eines zweiten Seelenrohres mußte es von der bereits

Diesel-Doppellok D 311 mit Tarnanstrich auf dem Bahnhof Bachtschissaraj (vorne ist der Spitzname »Walli« von den Soldaten aufgemalt worden).

personell ausgedünnten »Dora«-Abteilung dem »Führer« im scharfen Schuß vorgeführt werden. Nach tagelangen Vorbereitungen wurden dann am 19. März 1943 zwei sogenannte Vorführungsschüsse abgegeben. Außer Hitler verfolgten unter anderem Rüstungsminister Speer, Generalfeldmarschall Keitel, Generaloberst Guderian, General Leeb (Heereswaffenamt), eine spanische Militärkommission und von Krupp »Kanonen-Müller«, etliche Direktoren, Abteilungsleiter und Ingenieure sowie nicht zuletzt der Chef des Herstellerwerkes das Schauspiel.
Danach wurde die Schwere Artillerie-Abteilung (E) 672 aufgelöst, die Angehörigen zu anderen Artillerie-Einheiten versetzt. Lediglich ein sogenanntes Wartungskommando verblieb in Rügenwalde.

Rechts:
Dora«-Chefkonstrukteur Prof. Müller (links) und sein Arbeitgeber Gustav Krupp.

Am 19. März 1943 ließen sich Hitler und Gefolge auf dem Heeresversuchsschießplatz Rügenwalde die »Dora« im scharfen Schuß vorführen. Auf der Besuchertribüne warten bereits hohe Militärs und die Firmenchefs (Krupp).

»Kanonen-Müller« schreitet die Front seiner Mitarbeiter ab.

»Theoretischer Unterricht«, Thema: »Dora«.

»Praxis am Gerät«: Der Chefkonstrukteur erklärt seine Kanone...

...in jedem Detail

Mitte und unten:
Besonderes Interesse findet offensichtlich der Ladevorgang.

Blick vom Geschütz auf das besonders abgeschirmte »Dora«-Schießplatzgelände.

»Meine gewaltigste Artilleriefaust«: Hitler und Gefolge besichtigen die »Dora«.

Die 48 »Dora«-Schüsse in der Tabellen-Übersicht

Die 48 »Dora«-Schüsse in der Tabellen-Übersicht

Tag	Schuß-Nr.	Ziel	Beobachtungen am Ziel Besonderheiten
5. Juni 1942	1	Kasernen-block	Große Sprengwolke. Verzögerter Ladevorgang. Mannschaft noch nicht eingespielt.
	2	Küsten-Batterien südwestl. von Fort	700 m zu kurz. Große Sprengwolke. Lokführer und Rangierer noch nicht richtig eingespielt.
	3	»Maxim Gorki«	Nur geringe Abweichung am Ziel. Zündungsversager, 45 Min. Verzögerung. Störung am Munitionsaufzug.
	4		300 m zu kurz.
	5		550 m zu weit.
	6		300 m zu weit.
	7		Nur geringe Abweichung am Ziel. 160 m hohe Rauchwolke.
	8		140 m zu weit.
	9		700 m zu weit. Zündungsversager.
	10	Fort »Stalin«	120 m zu weit. Längere Rauchentwicklung nach dem Einschlag.
	11		150 m zu kurz.
	12		70 m zu weit. Großer Trichter von 28 m Durchmesser. Weißer Rauch. Verzögerter Ladevorgang durch Laborieren.
	13		205 m zu kurz.
	14		Volltreffer?
	15		160 m zu weit.
6. Juni 1942	16	Fort »Molotow«	250 m zu kurz. Zündungsversager. Schuß lag rd. 260 Min. im Rohr (Ausreißer).
	17		500 m zu weit. 1 Mann infolge Rangierfehler (Lok) getötet.
	18		400 m zu kurz.
	19		100 m zu kurz.
	20		135 m zu kurz.
	21		45 m zu kurz.
	22		175 m zu kurz.
	23	Mun.-Lager »Weiße	Keine Beobachtungen am Ziel. Zündungsversager.
	24	Klippe«	Treffer? Zwei schwarze Rauchsäulen, Stichflamme.
	25		500 m zu weit.
	26		Treffer.
	27		Treffer? Hohe gelbe Rauchwolke.
	28		Volltreffer. 120 m hohe schnell ausschießende Rauchwolke.
	29		Keine Beobachtungen am Ziel.
	30		Treffer.
	31		Keine Beobachtungen am Ziel.
7. Juni 1942	32		Treffer?
	33		Treffer. Große weiße Rauchwolke mit anschließenden Explosionen.
	34		Zwei große weiße Rauchwolken mit herumfliegenden Trümmern.
	35		Dünne Rauchsäule.
	36		70 m zu weit.
	37		Keine Beobachtungen am Ziel.
	38		Keine Beobachtungen am Ziel.
11. Juni 1942	39	Fort »Sibirien«	160 m zu weit. Führungsband abgeflogen.
	40		140 m zu kurz.
	41		Treffer.
	42		Treffer.
	43		Treffer.
17. Juni 1942	44	Fort »Maxim	Keine Beobachtungen am Ziel.
	45	Gorki«	Keine Beobachtungen am Ziel. Führungsband abgeflogen.
	46		120 m zu kurz.
	47		280 m zu kurz.
	48		280 m zu kurz.

Anmerkungen: Die Seitenstreuungen waren größtenteils minimal. Die ungewöhnlich großen V_0-Streuungen zu Beginn des Schießens konnten später reduziert werden. Die Ursache lag im nicht gleichmäßigen Kühlen der Kartuschen. Zündungsversager entweder bei elektrischer Abfeuerung (dann Abzug von Hand) oder in beiden Fällen (elektrisch wie von Hand), dann Auswechseln der Zündschraube. Das Abfliegen von Führungsbändern führte später zu besseren Entwicklungen. Beobachtungen am Ziel erfolgten teilweise auch durch Flieger.
Mit dem Verfeuern des 48. Schusses war der Munitionsbestand (Panzergranaten) erschöpft.
Bei den am 25. Juni 1942 zugeführten 5 Geschossen handelte es sich um Versuchs-Sprenggranaten.

»Gustav«-Geräte

Der Auftrag des Heereswaffenamtes an die Firma Krupp umfaßte insgesamt drei Geräte der gleichen Grund-Konstruktion.
Ihre Bezeichnungen (die gebräuchlichsten) und die wesentlichsten konstruktiven Unterschiede:

1. Gerät = »Dora«
Kaliber 80 cm
Rohrlänge 32 m
1. Seelenrohr einlagig, 2. Seelenrohr zweilagig

2. Gerät = »Schwerer Gustav 2«
Kaliber 80 cm
Rohrlänge 32 m
1. Seelenrohr zweilagig, 2. Rohr nicht mehr ausgeführt

3. Gerät = »Langer Gustav«
Kaliber 52 cm
Rohrlänge 43 m bzw. 48 m (geplant) – gezogen und glatt
Geschütz wurde nicht fertiggestellt (Zerstörung durch Bomben).

Das Rohr des zweiten Gerätes wurde am 8. und 9. August 1942 in Hillersleben angeschossen. Bei diesem Schießen erprobte das Krupp-Kommando zugleich die Haltbarkeit einer für dieses Rohr entwickelten Panzersprenggranate und neue Führungsbefestigungen für diese Geschosse.
Wie schon beim Anschießen des ersten »Dora«-Rohres erfolgte das Ansetzen wiederum mit Hilfe eines Raupenfahrzeuges. Neben der neuen Panzersprenggranate wurde auch noch eine Betongranate (ähnlich Panzergranate = »Betonbrecher«) verschossen. Die Panzersprenggranate durchschlug erwartungsgemäß das Ziel, eine 80 cm starke Schmiedeplatte. Auch der neue Führungsring aus Weicheisen bewährte sich. Die Betongranate durchschlug, wie vorausberechnet, eine sieben Meter starke armierte Betonwand mühelos und drang überdies noch fünf Meter in den rückwärtigen Sicherheits-Sandberg ein.
Die Schießversuche mit dem vollständig aufgebauten Gerät »Schwerer Gustav 2« fanden wiederum in Rügenwalde statt, vom 24. bis 27. Februar 1943. Im wesentlichen ging es um

Nicht mehr zum Einsatz gelangt: 80-cm-Eisenbahngeschütz »Schwerer Gustav 2«.

- Ladungsbestimmung für die Panzersprenggranate sowie Ermittlung des Temperatur-Einflusses beim Ladungspulver;
- Überprüfung der vorläufigen Schußtafel für das neue Geschoß;
- Beschuß kalibrierter Hülsen;
- Erproben der Haltbarkeit der Lafette.

Am 25. Februar kam es zu einer Panne. Ausgerechnet an diesem Tag wollte der Chef des Heereswaffenamtes, General Leeb, dem Schießbetrieb beiwohnen. Beim Ansetzen kam es plötzlich zu einer Stockung. Schießplatz-Kommandant Oberst Heims, Geschützführer und Kanoniere wurden nervös. Nach langer Suche entdeckte man die Ursache: Das Geschoß saß hoffnungslos verklemmt im Rohr. Es dauerte Stunden, ehe man es parallel zur Seelenachse bringen und hernach mit Kranzug-Hilfe herausziehen konnte. Anschließend mußte das gesamte Schießen für diesen Tag wegen schlechter Sicht eingestellt werden. Verantwortlich für den Rohrklemmer war ein Schraubenschlüssel, beim Ansetzen wohl unbemerkt in den Laderaum geraten.

Erst am 27. Februar konnten die restlichen Versuchsschüsse abgegeben werden. Das Schießen verlief ohne weitere Probleme. Die Krupp-Fachleute fertigten ihre obligatorischen Berichte und stellten zufrieden fest, daß die

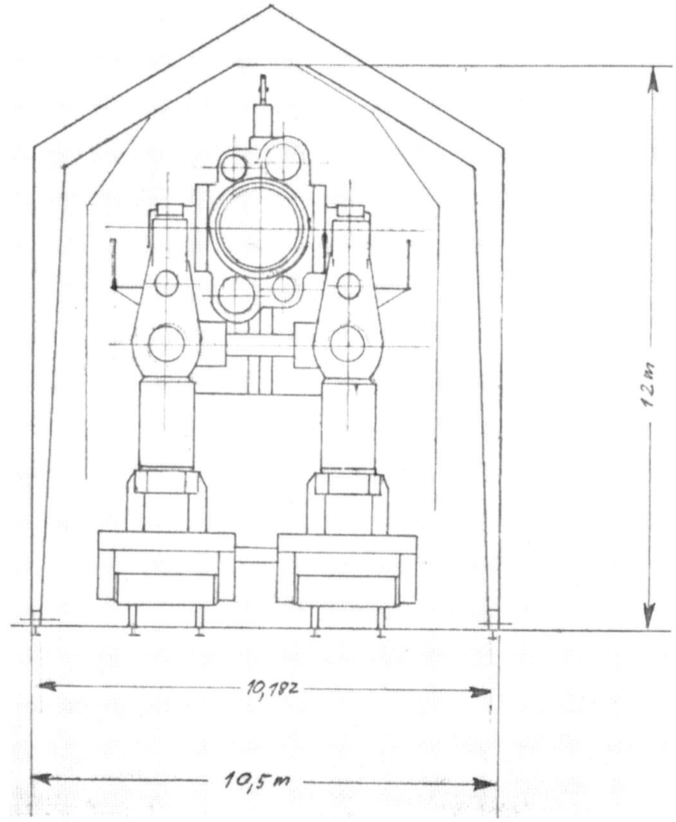

Geplanter Sicht- und Witterungsschutz für die Geschütze im aufgebauten Zustand. Der schuppenartige Bau sollte auf den Gleisen der Aufbaukräne über die Geräte gerollt werden.

Das dritte »Gustav«-Gerät fiel den Bomben zum Opfer: Zerstörte Krupp-Fertigungshallen.

Versuche im wesentlichen den Erwartungen entsprochen und wichtige Erkenntnisse geliefert hätten.
Zu der geplanten Aufstellung einer Schweren Artillerie Abteilung (E) für das zweite 80-cm-Geschütz (aus Männern anderer E-Batterien, die ihre Geschütze verloren hatten) kam es nicht mehr. Auch der Plan, beide Geräte oder zumindest eines aufgebaut für Ausbildungszwecke stehen zu lassen, gegen Sicht und Wetter geschützt durch einen rollenbewehrten Schuppen (siehe Skizze) wurde wieder fallengelassen. Beide Geschütze demontierte man und stellte sie behelfsmäßig ab – teilweise im freien Gelände, mit Planen abgedeckt, teilweise in überdachten Schießplatz-Anlagen.
Ungeachtet der Tatsache, daß wegen Personalmangels und der Lage an den zusammenbrechenden Fronten an einen Einsatz der beiden E-Geschütze nicht zu denken war, lief in den Krupp-Werken die Fertigung des dritten Geschützes unbeirrt weiter. Noch Mitte Mai 1943 befahl Hitler: »Das 3. Geschütz ist fertigzustellen« (»Speer-Protokoll«). Bei einem schweren Luftangriff auf Essen und die Krupp-Werkanlagen 1944 erlitt das Gerät »Langer Gustav« Beschädigungen, die zur Aufgabe des Geschützes zwangen. Für die Lesart, dieses dritte Sondergerät sei sehr wohl fertiggestellt und erst auf dem Transport in den süddeutschen Raum zerstört worden, gibt es keine Hinweise oder Belege.

Rohrartillerie gegen England

Hitlers »Vergeltungswaffen«, die Flugbombe V 1 und vor allem die Fernrakete V 2, leiteten eine neue Epoche der Artillerie ein, die der Raketen-Artillerie. Daneben wollte Hitler im Rahmen seiner Vergeltungsmaßnahmen gegen England aber auch herkömmliche Rohrartillerie einsetzen. Immer energischer verlangte er von seinem Heereswaffenamt und der Industrie echte Fernkampfgeschütze. Er selbst machte wiederholt Vorschläge, wie seine Ziele am schnellsten zu verwirklichen seien. Dazu gehörte der utopisch anmutende Plan, eine Kombination von V 2 (Aggregat 4) und »Dora«-Gerät einzusetzen. Dieser Zwitter sollte aus entsprechend konstruierten schwersten Bunkern – etwa am Kap Gris Nez – Spezialgeschosse mit mindestens 1000 kg Sprengstoff auf London verschießen. Es wurden tatsächlich Granaten mit drei Raketensätzen entwickelt, die nach dem Abfeuern nacheinander zündeten. Das Vorhaben wurde angesichts der V-Waffen, die zum Einsatz gelangten, wieder aufgegeben.
Besonders erwähnenswert ist ein Vorschlag des überaus rührigen Oberingenieurs Gessner von Wa Prüf 11. Es heißt dort in der schriftlichen Fassung vom 11. August 1943 unter anderem: »Es wird vorgeschlagen, von der Kanalküste aus den südöstlichen Teil Englands durch die Geschütze Dora, Gustav, K 12, K 5 und ... zu erfassen. Der Einsatz soll gegen Objekte mit größerer Ausdehnung, wie Industrie-, Hafen- und Verkehrszentren erfolgen. Der derzeitige Entwicklungsstand verspricht unter Verwendung der genannten Geräte den Beschuß eines breiten Gebietsstreifens. Die aus einem Geschütz zu verschießenden Geschosse (Anm.: gemeint sind Treibring-, Treibflossen- und Bündelgeschosse) haben verschiedene Gewichte, damit entsprechend verschiedene Schußweiten, sodaß sich ein in mehrere Zonen aufgeteilter Gebietsstreifen von ungefähr 200 km Tiefe erfassen läßt ... Dora, Gustav und K 12 können zur Erfassung besonders wichtiger Ziele eingesetzt werden ... Die Vorteile sind: 1) Einsatz vorhandener Geschütze, und zwar unter Verwendung glatter Rohre mit der um ein Vielfaches höheren Lebensdauer; 2) das der Fernkampfartillerie eigene Überraschungsmoment in Verbindung mit der Schwierigkeit von Aufklärung und Abwehr und der witterungs- und zeitunabhängige Einsatz; 3) die Entlastung und Freimachung der gegen England sonst einzusetzenden Flugzeuge und Waffen und deren Einsatz für andere Aufgaben.«
Der Einsatz sämtlicher Sonderwaffen wie insbesondere V 1, V 2 und schwerste Artillerie lag im Aufgabenbereich des Gen.Kdo. LXV.A.K.z.b.V. und war dem Ob.West in jeder Beziehung unmittelbar unterstellt. Seine Aufgaben im einzelnen waren gemäß Dienstanweisung das Führen der Sonderwaffen im Einsatz gegen England: »a) Vorbereitung des Einsatzes für die Bekämpfung der Ziele, die durch den Führer noch befohlen werden, Auswahl von Baustellen für Einsatz und Versorgung aller Sondergeräte, Überwachung des sachgemäßen Ausbaues und der Instandhaltung, Maßnahmen für Sicherung, Abwehr, Tarnung, Täuschung. b) Einsatz. Taktische Führung sämtlicher Truppenteile der Sonderwaffen und ihre einheitliche Feuerleitung, Überwachung ihrer personellen, materiellen und technischen Einsatzbereitschaft.«
Am 16. Juni 1944, der Beginn des Landungsunternehmens »Overlord« der westlichen Alliierten lag gerade zehn

Tage zurück, trafen sich in Berlin Vertreter der Organisation Todt und der Industrie, um Einzelheiten für den Einsatz der zwei 80-cm-Geschütze festzulegen. Vorausgegangen war die Entscheidung Hitlers, »2 vorhandene s. Gustav zum Einsatz gegen England umzubauen«.
Bereits im März 1944 hatte die Organisation Todt, Abteilung Festungsbau, für die Feuerstellung ein Gelände in der Nähe von Sangatte bei Calais erkundet und Anfang Mai erste Vorschläge für Einzeleinrichtungen des sogenannten »Bauvorhabens 100« sowie für Stromversorgung, Mannschaftsbedarf und dergleichen unterbreitet. Anfang Mai 1944 wurde überdies der General der Artillerie erstmals über das »Bauvorhaben 100« informiert.
Von einem Fabrikgelände aus sollte ein Zuführgleis zur Feuerstellung (an einer Steilböschung) gelegt werden. In die Böschung sollten mehrere Stollen getrieben werden, in denen Geschosse, Kartuschen und Vorrichtungen zum Kalibrieren beziehungsweise Laborieren Aufnahme finden konnten. Damit nicht genug. Um eine konstante Temperatur des Treibladungspulvers von etwa 15 Grad Celsius sowie einen bestimmten Luftfeuchtigkeitsgehalt zu gewährleisten, faßte man den Bau von Belüftungs- und Lufttrocknungsanlagen mit gut schließenden Türen ins Auge. Weitere Stollen oder zumindest Mulden waren dafür

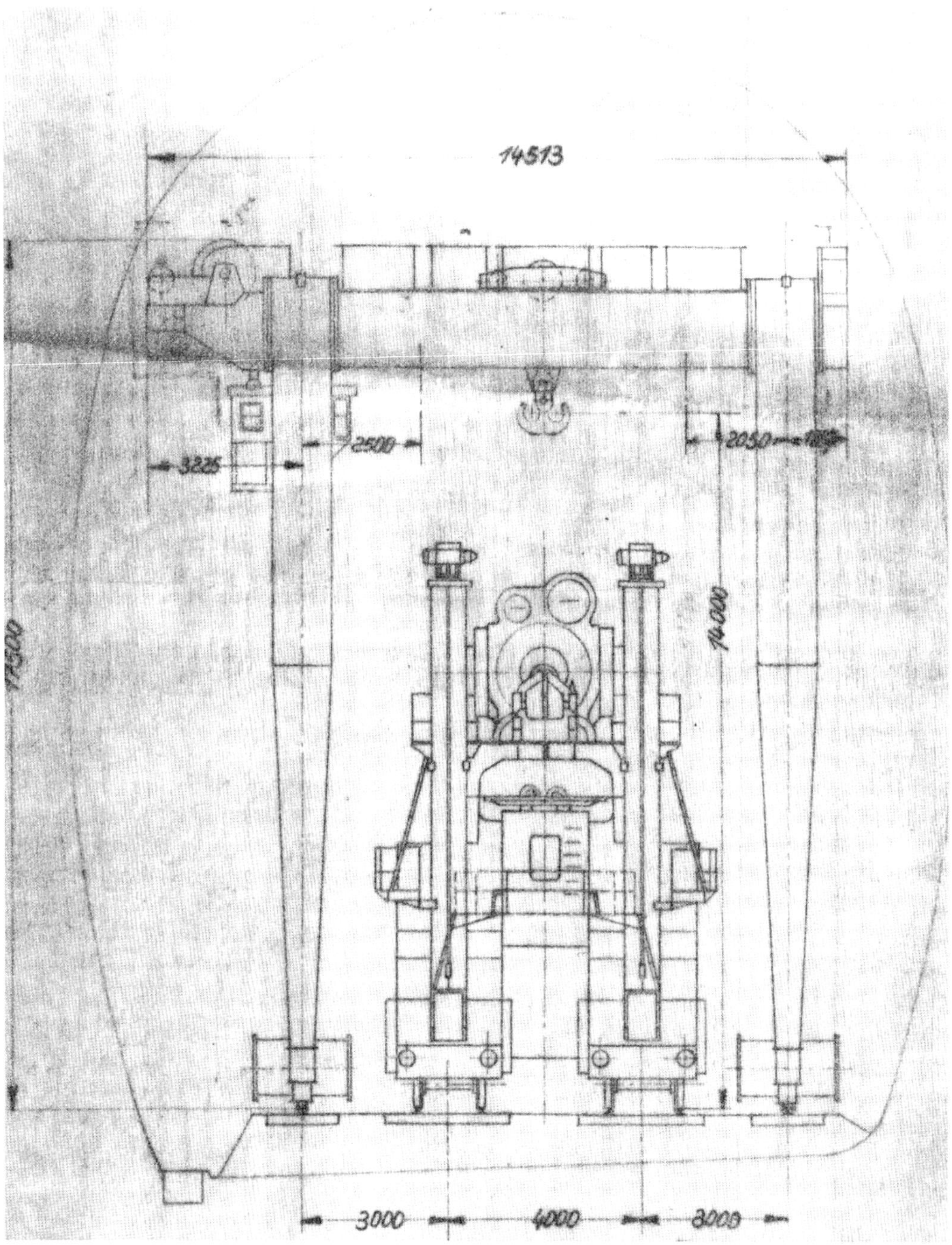

Ein Plan von vielen: Geschütz mit Aufbaukränen in überdeckter (u. a. Tunnel) Feuerstellung.

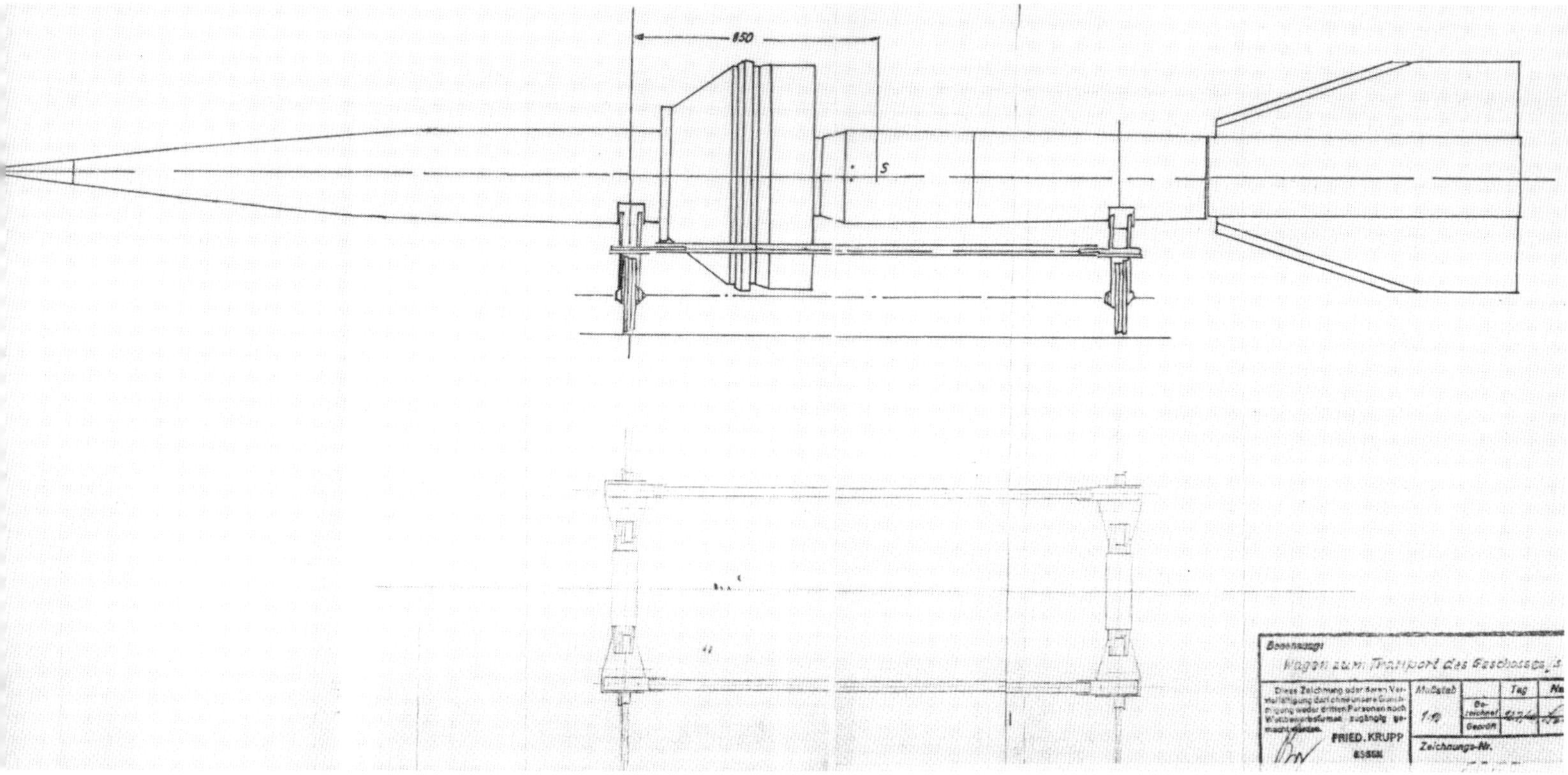

Peenemünder Pfeilgeschoß für 80-cm-Glattrohr, hier mit Spezialtransportwagen dargestellt.

bestimmt, Ersatzgleise und Zubehör aufzunehmen, um diese bei Zerstörung durch Luftangriffe rasch wieder herrichten zu können. Die Geschütze selbst sollten aus überdeckten (Betontunnel) Feuerstellungen heraus operieren: Laden im Tunnel und nur zum Feuern herausfahren auf die Schießkurve. Da auch noch die Aufbaukräne im Tunnel Platz finden mußten (u.a. für den Munitionstransport), setzte das einen enormen Bedarf an Beton voraus.

Der England-Beschuß mit den 80-cm-E-Kanonen erforderte selbstverständlich Schußweiten, die mit herkömmlicher Munition niemals auch nur annähernd zu erreichen waren.

Die verlangten Schußweiten bewegten sich von 100 bis rund 200 km. Die Untersuchungen gingen zunächst davon aus, das Geschütz als solches »in Ruhe zu lassen« und stattdessen die Munition zu modifizieren oder völlig neue zu entwickeln, weil dies weniger Zeit und Aufwand erforderte. Nach Möglichkeit sollte konventionelle und spezielle Munition aus ein und demselben Rohr zu verschießen sein.

Die Untersuchungen für die »Siegfried«- und »Adolf«-Rohre zeigten, daß beim Verschuß von Granaten mit Raketenzusatzantrieb etwa 20 km zusätzliche Schußweite zu gewinnen sei. Ähnliche, letztlich unbefriedigende Resultate ergaben die Berechnungen für »Dora« und »Schwerer Gustav 2«. Die zuständige Expertenkommission setzte denn auch alle Hoffnungen auf das Peenemünder Pfeilgeschoß. Bei einem Fluggewicht von 2000 kg (Sprengstoffanteil 180 kg) und einer V_0 von 1260 bis 1280 m/s sollte die Schußweite 135 bis 140 km betragen. Das Ladegewicht betrug 2730 kg. Das Pfeilgeschoß im

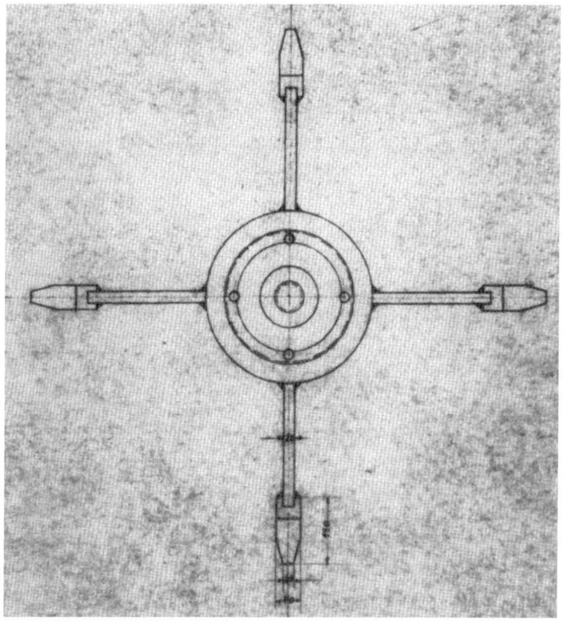

Peenemünder Pfeilgeschoß (Querschnitt).

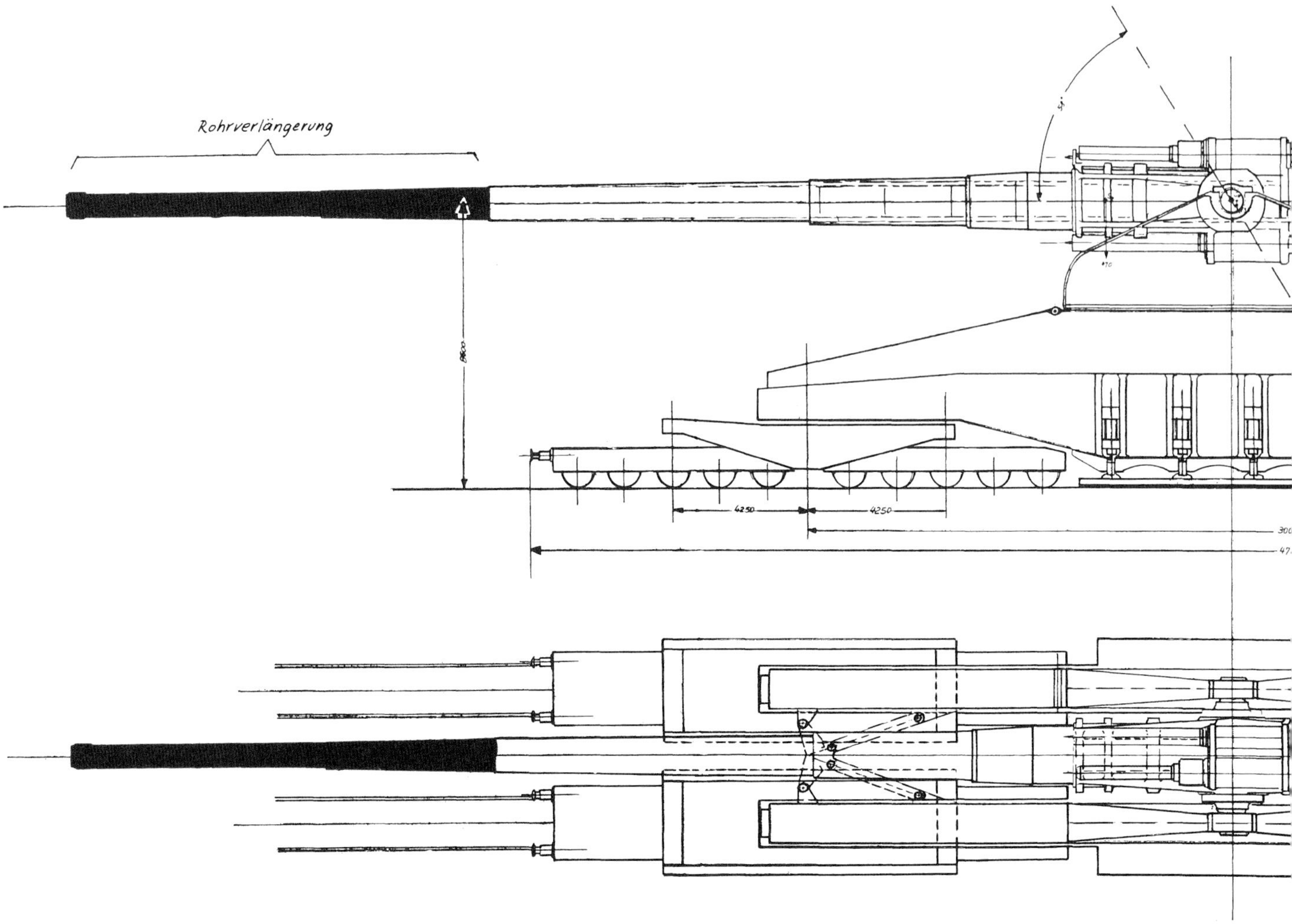

Unten: Relikt aus den Tagen eines »bescheidenen« England-Beschusses: Von den Engländern in Sangatte bei Calais erbeutete Tafel aus dem Feuerleitbunker einer Fernkampf-Batterie. Mit deutscher Gründlichkeit wurden in dieser »Statistik« Schießtage und Anzahl der Geschosse festgehalten: Vom 9. November 1942 bis 21. März 1944 verschoß die Batterie an 27 Schießtagen ganze 84 Granaten. Die Tafel steht heute auf der Hafenpromenade von Dover.

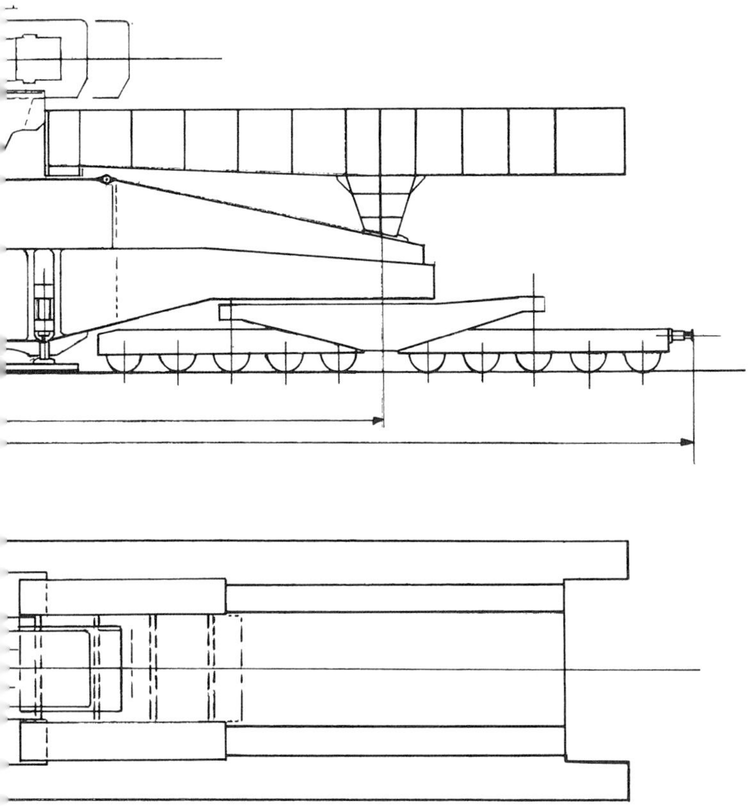

◁ Versuche zur Schußweitensteigerung: Rohrverlängerung mit Gewichtsausgleich (geschwärzt).

Kaliber 80/52 cm hatte eine Länge von 5,4 m. Das bedeutete, daß nun doch das Geschütz angefaßt werden mußte. Das glatte (!) Rohr benötigte eine Länge von 44 m. Der Ansetzer mußte umkonstruiert, zwei Zusatzausgleicher sowie neue Geschoß- und Kartuschwagen gefertigt werden. Für den Umbau beider 80-cm-Geschütze hatte Krupp einen Bedarf von 1800 t Stahl errechnet.
Obschon nicht so bald mit einem erfolgreichen Abschluß der Arbeiten gerechnet werden durfte, verlangte Hitler zusätzlich ein »echtes Ferngeschütz«. Eine solche Waffe, die 10-t-Raketengranaten 160 km weit schießen sollte, müßte, das ist allen Ernstes errechnet und diskutiert worden, bei einem Kaliber von 80 cm eine Rohrlänge von 84 m aufweisen. Das Gewicht dieses Superrohres: 675 t! Wie ernst es Hitler um ein Fernkampfgerät war, erhellt der immense Planungs-, Vorbereitungs- und Ausführungsaufwand für die »dritte Vergeltungswaffe«, die sogenannte »Hochdruckpumpe« (HDP), auch »Tausendfüßler« oder

Hitlers »London-Geschütz«: Zum Einsatz gekommene verkleinerte Version der sogenannten Hochdruckpumpe (hier mit rechtwinklig angeordneten Seitenkammern).

»Fleißiges Lieschen« genannt. Dahinter verbarg sich ein glattes, bodengestütztes Geschützrohr mit einer Länge von 120 beziehungsweise 150 m im Kaliber 15 cm (Endausführung), aus dem 2,50 m lange Unterkalibergeschosse verfeuert werden sollten.
Wie zahlreiche andere Projekte für den England-Beschuß zeichnete sich diese phantasievolle Kanone durch ebenso gigantische wie überstürzte Arbeiten aus. Im Oktober 1943 erfolgten in Hillersleben die ersten Schießversuche mit einem wesentlich kleineren Gerät. Sie zeigten ein höchst unbefriedigendes Verhalten der leitwerkstabilisierten Röchling-Langgeschosse: die Flossen klappten nicht immer gleichmäßig aus, die Geschosse torkelten im Flug. Dennoch begann ihre Massenproduktion.

Abstruse Hitler-Idee: »Dora«-Landversion.

Im Frühjahr 1944 standen die Arbeiten an der unterirdischen Feuerstellung für die »Hochdruckpumpen«-Batterie in Mimoyecques an der französischen Kanalküste vor dem Abschluß. Über 5000 Baufacharbeiter und Bergleute hatten einen Kalksteinberg in ein tiefes System von Schächten, Stollen, Depots, Quartiere und schräg nach oben führende Kanäle zur Aufnahme von 25 Rohren verwandelt. Die 150 m langen Rohre, aus 130 m Tiefe schräg nach oben führend, sollten auf das Zentrum von London gerichtet werden. Etwa tausend Mann standen bereit, um mit Hitlers »London-Geschütz« Vergeltung zu üben. Doch der Einbau der längsten Kanonenrohre der Artilleriegeschichte verzögerte sich immer wieder. So zerfetzten beim Erprobungsschießen auf der Ostseeinsel Wollin Teile des Versuchsrohrs. Um das Geschoß auf die notwendige Anfangsgeschwindigkeit von 1100 m/s zu »pumpen«, besaß das Rohr, verteilt entlang desselben, mehrere Seitenkammern, deren Treibladungen das Geschoß quasi etappenweise beschleunigen sollten. Nach 25 erfolgreichen Schüssen, darunter solche mit Weiten von 90 km, explodierten einige der Seitenkammern. Als tatsächlich das Problem der Seitenkammern gelöst war und auch endlich ballistisch stabile Geschosse zur Verfügung standen, beendeten die alliierten Invasionstruppen den »Spuk von Mimoyecques«, indem sie das gesamte Stellungssystem sprengten. Von vier verkürzten Mehrkammergeschützen kamen im Rahmen der Ardennen-Offensive zwei zum Einsatz. Aus den Feuerstellungen südöstlich von Trier beim Bahnhof Lampaden am Ufer der Ruwer verfeuerten die beiden Rohre rund 160 Schuß unter anderem auf Luxemburg. Zu einem Einsatz gegen Antwerpen ist es nicht mehr gekommen.
Antwerpen war auch das letzte Ziel, das Hitler für sein 80-cm-Geschütz ausersehen hatte. Es kam auch nicht mehr dazu, »Dora« als Erprobungsträger für Vorversuche mit Fla-Raketen einzusetzen. Zu den kriegsbedingten aufgegebenen Projekten gehörte schließlich noch eine »Dora«-Landversion, wie sie auf Initiative Hitlers tatsächlich diskutiert worden ist. Dieses »Monster« (Albert Speer) sollte von vier U-Boot-Dieselmotoren angetrieben werden und auf Raupen (ähnlich die der Schaufelradbagger im Braunkohlebergbau) laufen. Zwei rückwärtige 15-cm-Türme und eine 25 cm starke Frontpanzerung rundeten das (theoretische) Bild dieses Riesenpanzers ab.

Im wesentlichen geplante Maßnahmen zur Schußweitensteigerung für »Dora«- und »Gustav«-Geräte (England-Beschuß)

Geschütz	Geschoßart	Kaliber cm	Fluggewicht kg	Sprengladung kg	V_0 m/s	Schußweite km	Veränderungen am Geschütz
»Dora« und/oder »Schw. Gustav 2«	Raketengeschoß	80	4800	220	785	77	
	Treibspiegelgeschoß	80/65	2180	?	980	65	
	Treibspiegelgeschoß	80/53,3	1350	200	1220	100	
	Treibspiegel-raketengeschoß	80/65	2586	?	940	100	
	Treibspiegel-raketengeschoß	80/65	1410	85	1165	140	
	Peenemünder Pfeilgeschoß	80/52	2000	180	1260/135/ 1280	140	glattes Rohr, verlängert auf 44 m, neuer Ansetzer, 2 Zusatzausgleicher, neue Geschoß- u. Kartuschwagen
	Raketengeschoß (dreistufig)	80	10000	1000	1000/ 1400	150/ 160	glattes Rohr, verlängert auf 84 m, neue Wiege, Bremse, Vorholer und Verstärkung der Lafette
»Langer Gustav«	Peenemünder Pfeilgeschoß	52/32	1930	160	1135	110	Rohrverlängerung auf 48 m (für beide Zeilen)
	Raketengeschoß	52	1467	100	1230	150	
	Treibspiegel-geschoß	52/38	580	70	1550	155	
	Treibspiegel-raketengeschoß	52/38	680	23	1480	190	

Spätestens im November 1944 wurden alle Untersuchungen, Arbeiten und in Planung befindliche Maßnahmen/Projekte eingestellt

Verbleib

Die beiden 80-cm-E-Geschütze standen bis zu ihrem Abtransport Anfang 1945 auf dem Versuchsschießplatz Rügenwalde, behelfsmäßig verlastet auf Waggons, die teilweise dafür gar nicht vorgesehen waren. Nach etlichen Irrfahrten durchs Reich »strandeten« die Geschützzüge in der Nähe von Chemnitz und bei Grafenwöhr. Es handelte sich hauptsächlich nur noch um die artilleristischen Teile. Das meiste Wagenmaterial, Zubehör und anderweitig zu nutzende Waggons hatten auf ihrer Odyssee zahlreiche Interessenten gefunden oder waren anderweitig abhanden gekommen. Die Geschütze selbst wurden in den letzten Kriegstagen befehlsgemäß von deutschen Sprengkommandos zerstört.

Gesprengte Geschützteile in Chemnitz 1945 (US-Soldat beim Vermessen des Mantelrohres).

Die Alliierten, die nach der Kapitulation unzählige Waffen, Dokumente und Geheimmaterial erbeuteten, hatten an großkalibrigen E-Geschützen ein nur mittelmäßiges Interesse. Die Relikte von »Dora« und »Schwerer Gustav 2« nahmen sie zwar staunend in Augenschein und stellten Messungen an, ließen die Trümmer ansonsten erst mal liegen. So wurden die Geschützreste bei Grafenwöhr erst im Frühjahr 1950 endgültig zerlegt und der Verschrottung zugeführt.

Die Drehgestelle der beiden Geschütze, sofern noch brauchbar, fanden im zivilen Bereich unterschiedliche Verwendungen. Eines tat jahrelang »Dienst« im Hamburger Freihafen als Kranuntersatz. Ein Drehgestell der »Dora« (einwandfrei als solches identifiziert) gammelt heute noch auf dem Schrottplatz einer Kiesgewinnungsfirma in Hedemünden vor sich hin. Die Firma wollte »das Ding« mit einem Kran versehen, daraus wurde aber nichts. Sie baute lediglich den Elektromotor aus und schob den allerletzten Rest aufs Abstellgleis der Geschichte. Firmenangehörige wundern sich schon lange nicht mehr, wenn mehr oder weniger regelmäßig »diese Leute« (Wehrhistoriker, Techniker, Modellbauer und Sammler) aufkreuzen und das

Geschoß, Haube und Hülsenkartusche im Imperial War Museum London.

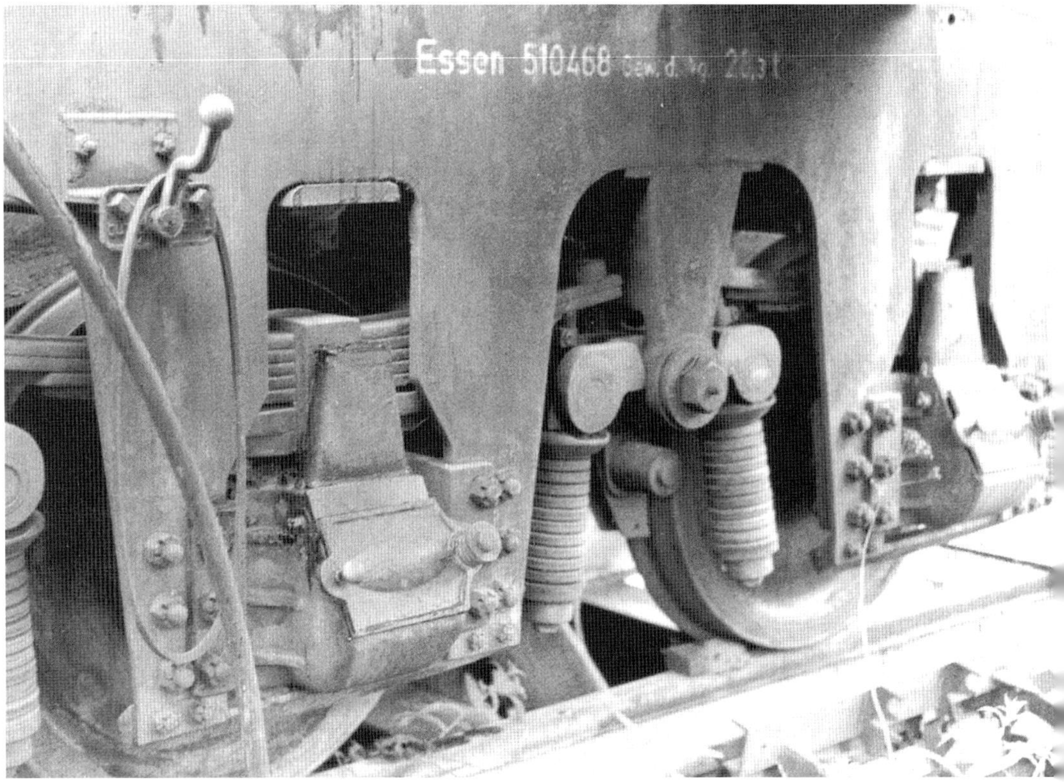

»Dora«-Drehgestell auf einem Firmengelände in Hedemünden bei Kassel.

Diesel-Doppellok D 311 der ehemaligen Deutschen Wehrmacht im Dienst der Deutschen Bundesbahn (ausgemustert 1972).

Gestell in Augenschein nehmen.
Erhalten geblieben sind auch einige Panzer- und Sprenggranaten sowie Kartuschen. Ausgestellt sind sie im Imperial War Museum in London sowie im US-Armee-Freilichtmuseum Aberdeen, wo auch die »K 5« von der Anzio-Front steht. Fragmente einer 80-cm-Sprenggranate befinden sich im Armeemuseum Dresden.
Von den Dieseldoppelloks ist eine 1945 in einer ausgebrannten Krupp-Werkhalle in Essen beschädigt und teilweise ausgeplündert aufgefunden worden. Weil aber die Großteile noch brauchbar oder reparabel waren und damals ein enormer Lokmangel herrschte, erwarb die Bundesbahn die Lok für 190 000 Mark und ließ sie 1951 von Essen nach Nürnberg überführen. Diese »Diesellok der ersten Stunde« endete später als Ersatzteilspender.
Zwei weitere von der Wehrmacht hinterlassene Doppelloks (Baujahr 1942) verrichteten nach Einbau neuer Motoren und anderer Neuausrüstungen bei der Bundesbahn noch bis 1968 beziehungsweise 1972 treue Dienste, ehe sie ausgemustert wurden.

Außer auf Fotos »existieren« die 80-cm-Geschütze noch auf etlichen Metern Film des Bundesarchivs in Koblenz. So zeigt die Deutsche Wochenschau Nr. 617 im Zusammenhang mit dem Kampf um Sewastopol Szenen vom Laden und Feuern der »Dora«. Allerdings geht der Sprecher nicht näher auf das Geschütz ein oder nennt gar Daten, er beschränkt sich auf Hinweise wie allerschwerste Artillerie. Die Deutsche Wochenschau Nr. 659 schließlich bringt interessante Szenen vom Aufbau des Geschützes »Schwerer Gustav 2« in Rügenwalde. In dieser Wochenschau türkt die Propaganda ganz gewaltig. In die Szenen vom Bunkerbau am Atlantikwall sind solche vom Geschütz hineinmoniert und sollten suggerieren, daß derartige Kaliber am Atlantik in Stellung gebracht werden.
Aus dem privaten Nachlaß von Albert Speer befindet sich im Koblenzer Bundesarchiv der Dokumentarfilm »Rüstungsminister Speer bei Besichtigungen und Tagungen«. Dieser 16-mm-Film enthält Aufnahmen von der »Dora«-Besichtigung durch Hitler und Gefolge im März 1943 in Rügenwalde.

Die wichtigsten Daten und Leistungen

Kaliber	cm	80
Rohrkonstruktion	1lagiges Seelenrohr (1. Gerät)	
	2lagiges Seelenrohr (2. Gerät)	
	2lagiges Mantelrohr	
Rohrlänge gesamt	m	32,48
Seelenrohrlänge	m	28,95
Drall	konstant/Drallwinkel 5° 7′ 45″ Rechtsdrall	
Zugzahl	96	
Zugtiefe	1,0 auf 0,7 cm abnehmend	
Felderbreite	cm	1,25
Länge gezogener Teil	m	25,46
Verschluß	hydraulischer Schubkurbelverschluß	
Rohrgewicht (mit Verschluß)	t	400
Lebensdauer des Seelenrohrs	ca. 100 Schuß (theoretisch)	
Seitenrichtung, feine	Grad	0
Erhöhung, größte	Grad	65
Feuergeschwindigkeit (maximal)	Schuß/Stunde	ca. 3
Geschütz in Feuerstellung		
Länge über Puffer	m	47,30
Breite	m	7,10
Höhe	m	11,60
Gewicht	t	1350
Zahl der Drehgestelle		8
Zahl der Achsen je Drehgestell		5
Achsdruck in Feuerstellung	t	33,75
Stärke der Diesellok		
Nennleistung	PS	2×940
Höchstleistung	PS	2×1050
Zahl geschützeigener E-Motoren		8

Munition (nur Standard)

Panzergranate		
Gewicht	t	7,1
Länge ohne Haube	m	2,40
Länge der Haube	m	1,53
Zünderart	Bodenzünder	
Schußweite, maximal	km	38
Gewicht der Sprengladung	kg	250
Sprenggranate		
Gewicht	t	4,8
Länge ohne Haube	m	2,31
Länge der Haube	m	2,40
Zünderart	Kopf- u. Bodenzünder	
Schußweite, maximal	km	48
Gewicht der Sprengladung	kg	700
Treibladung		
Zahl der Ladungen		3
Gewicht für Panzergranate	kg	1850
Gewicht für Sprenggranate	kg	2000
Zündungsart	elektrisch	
Länge der Hauptkartusche (Hülse)	m	1,38
Länge jeder Vorkartusche (2×Beutel)	m	1,63

Ballistik

Sprenggranate		
V_0 kleine Ladung	m/s	600
V_0 mittlere Ladung	m/s	700
V_0 große Ladung	m/s	820
Schußweite bei kleiner Ladung, max.	km	28
Schußweite bei großer Ladung, max.	km	48
Panzergranate		
nur eine Ladung (große)		
V_0	m/s	720
Gasdruck im Rohr, maximal	kg/cm²	2500
Durchschlagsleistung der Panzergranate		
Stahl	m	1,0
Eisenbeton	m	8,0
gewachsener Boden (Eindringtiefe)	m	ca. 32,0

Eisenbahngeschütze anderer Länder

Frankreich

Im Unterschied zu Deutschland legte Frankreich bereits vor dem Ersten Weltkrieg großen Wert auf Beweglichkeit des schweren Flachbahnfeuers. Nach dem Kriegsausbruch erhielt die Fertigung von E-Geschützen höchste Priorität. Frankreich erlangte auf dem Gebiet des Baus von E-Geschützen zu jenem Zeitpunkt eine führende Stellung. Nicht zuletzt dem Improvisationstalent der französischen Geschützbauer und Eisenbahntechniker war es zuzuschreiben, daß der französischen schweren Artillerie alsbald eine Vielzahl von E-Geschützen im Kaliber 16,5 bis 40 cm zur Verfügung stand.
Während in Deutschland nur eine einzige Firma (Krupp) als Produzent von E-Kanonen tätig war, fertigten in Frankreich die Firmen Schneider, Chamond und vor allem Batignolles diese Waffen. Fertigungstechnisch unterschied man dort drei Hauptgruppen. Die erste Gruppe beinhaltete Geschütze vornehmlich der Schiffs- und Küstenartillerie, die samt ihren Lafetten auf Eisenbahnwagen gesetzt worden waren. In dieser Kategorie gab es etwa 20 verschiedene Modelle. Zur zweiten Gruppe gehörten die E-Geschütze auf sogenannter Schleiflafette. Es handelte sich dabei um in E-Lafetten eingelagerte Marinerohre ohne Rohrrücklauf. Die Rückstoßbewegung wurde durch das Zurücklaufen (Schleifen) des gesamten Geschützes auf dem Gleis abgebremst. Von dieser Waffe, eine typische französische Lösung, wurden rund 20 verschiedene Geräte der Kaliber 24 bis 37 cm gebaut. Die dritte Gruppe bestand aus Marinerohren (Kaliber 27,4 bis 40 cm) mit Rohrrücklauf in E-Lafette. Zu dieser Gruppe der damals modernsten E-Kanonen gehörten 12 Modelle. Eine gegen Kriegsende noch gebaute 52-cm-E-Haubitze kam nicht mehr zum Einsatz.
Nach dem Krieg sonderten die Franzosen die meisten Geschütze der ersten Gruppe sowie einen Teil der zweiten aus. Die übrigen E-Geschütze verblieben bei der Truppe. Fast alle fielen 1940 der deutschen Wehrmacht in die Hände. Sie kamen als Beutegeschütze zu den deutschen E-Batterien, sofern der Zustand der Geräte dies zuließ und ein ebenfalls erbeuteter Munitionsbestand lohnend erschien. Überdies versuchte man, meist erfolgreich, deutsche Rohre für die Beutegeschosse mittels Aufbohren »passend« zu machen. Oder auch umgekehrt: Es liefen Versuche mit dem Ziel, deutsche Geschosse aus französischen Rohren zu verfeuern. So sollten zum Beispiel rund 4000 noch vorhandene »Theodor«-Granaten aus einem 24-cm-E-Geschütz (Beute) verschossen werden.

27,4-cm-Eisenbahnkanonen (M 1893–96), zusammengestellt für den Abtransport nach Deutschland.

30,5-cm-Eisenbahnkanone
M 1893–96.

34-cm-Eisenbahnkanone
M 1912.

37-cm-Eisenbahnhaubitze M 15, hier eingesetzt von einer deutschen Batterie im Westen.

Gemäß einer Aufstellung des Generals der Artillerie vom 31. Oktober 1944 befanden sich zu jenem Zeitpunkt noch 31 französische E-Geschütze unterschiedlicher Kaliber im Einsatz oder in der Instandsetzung. Im Schriftverkehr trugen die Beutegeschütze hinter der Bezeichnung ein kleines f in Klammern (f).

Hauptdaten französischer Eisenbahngeschütze (nur Beutegeräte, die in deutschen Batterien eingesetzt waren)

Bezeichnung a) ursprünglich b) deutsch/Beute	Kal. cm	Gewicht in Feuerstllg. t	Geschoß-gewicht kg	maximale Schußweite km	Bemerkungen
a) Kanone G 240 mm M 1884 auf E-Lafette b) 24-cm-K. (E)-534 (f)*	24	90	159	17,1	* die dreistellige Zahl weist auf die aufnehmende Batterie hin
a) Kanone 274/285/288 mm M 1893–96 auf E-Schleif-lafette b) 27,4-cm-K. (E)-592 (f)	27,4 28,5 28,8	152	238	29,4	nach Ausschießen der Rohre aufgebohrt auf 28,5 und 28,8 cm
a) Kanone 274/285/288 mm M 1893–96 auf E-Lafette b) 28,5-cm-K. (E)-605 (f)	27,4 28,5 28,8	116	270	27	nach Ausschießen der Rohre aufgebohrt auf 28,5 und 28,8 cm
a) Kanone 320 mm M 1870–84 und M 1870–93 auf E-Schleiflafette b) 32-cm-K. (E)-651 (f) und 652 (f)	32	162 178	388 392	24,8 26,2	
a) Kanone 340 mm M 1912 auf E-Lafette b) 34-cm-K. (E)-674 (f)	34	166	432*	44,5*	* bezieht sich auf modifizierte Munition, wie sie deutscherseits verwendet wurde
a) Haubitze 370 mm M 1915 auf E-Lafette b) 37-cm-H. (E)-711 (f)	37*	130	516/712**	16,4/14,5**	* nach Ausschießen des Rohres konnte auf 38,5 cm aufgebohrt werden ** Halbpanzergranate
a) Haubitze 400 mm M 15/16 auf E-Lafette b) 40-cm-H. (E)-752 (f)	40	140	614/900*	16/14,6*	* Betongranate
a) Haubitze 520 mm auf E-Lafette b) 52-cm-H. (E)-871 (f)	52	260	1370/1654*	17,5/15,6*	* deutsche Sonderfertigung für Einsatz Leningrad

30,5-cm-Eisenbahnkanone MK IX.

45,7-cm-Eisenbahnhaubitze MK I.

Großbritannien

Obgleich Großbritannien wegen seiner Insellage schwere Geschütze nur für die Küstenartillerie benötigte, fertigte man dort im Ersten Weltkrieg auch E-Geschütze in größerer Zahl mit Marinerohren der Kaliber 23,4 bis 30,5 cm. Die 23,4-cm-E-Kanone MK XIII stand bis 1945 beim Küstenschutz im Einsatz. Die 30,5-cm-E-Haubitze aus dem Jahr 1916 wurde ebenfalls bis in den Zweiten Weltkrieg hinein verwendet. Eine Besonderheit dieses Geschützes lag darin, daß es beim Feuern auf den Gleisanlagen ruhte, um die E-Lafette zu entlasten. Das umständliche Verfahren des Absenkens war bei der Truppe nicht beliebt und machte das Gerät zu einer wenig effektiven Waffe. Als bedingt fortschrittliches E-Geschütz konnte die 1940 gebaute 34,3-cm-Kanone MK V angesehen werden. Die drei gefertigten Geschütze dieses Typs mit Marinerohren aus dem Ersten Weltkrieg (Schußweite maximal 37 km) musterten die Briten erst 1947 aus. Mit der 45,7-cm-E-Haubitze MK I kam britischerseits das größte Kaliber zum Einsatz (1920 bis 1945).

USA

Nach dem Eintritt der USA in den Ersten Weltkrieg verwendeten die Amerikaner in Europa britische und französische E-Geschütze, darunter Lizenzbauten. Auch bei der Fertigung eigener Lafetten, in die man Marinerohre der US-Küstengeschütze einbaute, stützten sich die US-Geschützbauer weitgehend auf französische Konstruktionen. Zwischen den Kriegen produzierten amerikanische Rüstungsfirmen E-Kanonen und E-Haubitzen der Kaliber 25,4 bis 40,6 cm. Es handelte sich hauptsächlich um Waffen für die Küstenartillerie, die auf ortsfeste Bettungen abgesetzt werden konnten. Im Zweiten Weltkrieg trat als Neubau lediglich die 20,3-cm-E-Kanone M 3A 2 in Erscheinung, die in größerer Stückzahl gebaut wurde.

Sonstige

In kriegsteilnehmenden Ländern wie Italien, Polen und Sowjetunion sind Eisenbahngeschütze so gut wie nicht in Erscheinung getreten. Es handelte sich in erster Linie um gekauftes Auslandsgerät. Aus Italien ist die E-Kanone M 14 (Kal. 38,1 cm) mit einer Höchstschußweite von 33 km als Eigenproduktion zu erwähnen. Aus der Sowjetunion sind zwei E-Geschütze (Kal. 15,2 cm und 30,5 cm) bekannt geworden.

20,3-cm-Eisenbahnhaubitze M 88.

40,6-cm-Eisenbahnhaubitze M 18.

Eisenbahngeschütze im Modell

Hobby

Märklin, Fleischmann, Trix und Co. sind die Weltmeister für die Liebhaber der Eisenbahnen aus dem Reich Liliput. Diejenigen, die es nicht dabei bewenden lassen, fertige Loks und Waggons auf die Schienen zu setzen, werkeln in Eisenbahn-Modellbauklubs und daheim im Hobbykeller. Diese namenlosen »Eisenbahner« sind meist Perfektionisten, denen die Serienzüge nicht exklusiv und detailfreudig genug sind. Etliche Modellbauer und Sammler wollen zudem exotische Dampfrösser ihrem Lokpark einverleiben, die es im Handel gar nicht gibt oder nur in der »falschen« Spurweite.

Selbermachen heißt die Devise in solchen Fällen. Das gilt fast ausnahmslos für Freunde von Eisenbahngeschützen im Kleinformat. Zum einen gibt es kaum Hersteller solcher ausgefallenen Stücke, und zum anderen sind die Modell-Kanonen selten auch nur einigermaßen genau und maßstabgerecht – mangels authentischer Unterlagen.

Die Geschützbauer greifen zumeist auf das traditionelle Material Messing zurück. So auch Konstrukteur Clemens Engel in Wilhelmshaven. In seiner »Werkstatt« entsteht die »Dora«. Ende 1989 waren acht Drehgestelle fertig, vier Zwischenträger in Arbeit, Konstruktionsarbeiten der Hauptträger auf dem Reißbrett. Wann das Geschütz im Maßstab 1:87 fertig sein wird, vermag Engel nicht vorauszusehen. Obgleich im Ruhestand, wird er wohl noch zwei bis drei Jahre benötigen. Allein die Konstruktion – Anfertigung von Zeichnungen bei gleichzeitiger Dokumentation sämtlicher Einzelteile und Baugruppen – nimmt viel Zeit in Anspruch. Selbst für so winzige Dinge wie etwa Kupplungsschläuche hat Engel Skizzen gefertigt. In Modellbauerkreisen werden die gewerblich gefertigten Kupplungen als primitiv beklagt. Wie Engels Stücklisten-Blätter ausweisen, waren es bis Ende 1989 rund 600 Einzelstücke; geschätzte Gesamtzahl: zwischen 1200 und 1500 Stück! Ein für Eisenbahn-Modellbauer ungewöhnliches Material

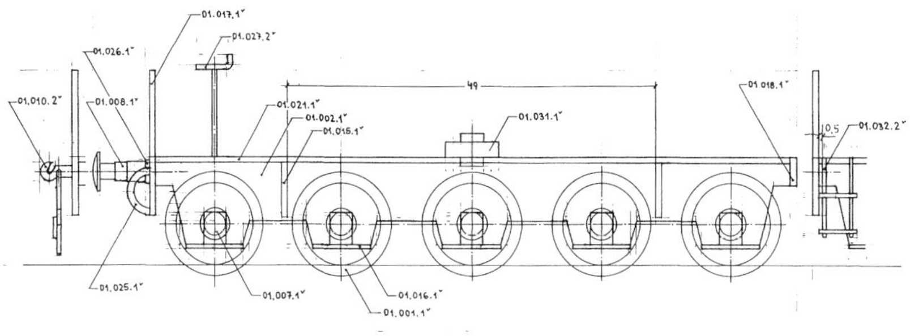

Skizze zum Drehgestell für die »Dora« von Clemens Engel.

dürfte Pappe und starkes Papier darstellen. Der Dreher Heinz Eisermann in Ulm hat sich auf diesen »Rohstoff« spezialisiert und sich auch an die »Dora« herangewagt.

Eisermann über sein Papp-Geschütz: Seit Jahren sammle ich Plastikmodelle in der Größe HO. Trotz des großen Angebotes konnten aber bestimmte Wünsche hinsichtlich seltener beziehungsweise ausgefallener Stücke (zum Beispiel Eisenbahngeschütze) nicht realisiert werden. So begann ich mit den ersten Umbauten, wobei ich mich unter anderem an dem Werkstoff Pappe und Papier versuchte. Schon bald erkannte ich die guten Verarbeitungseigenschaften dieses Materials.

Also entstanden neben Umbauten auch die ersten vollständigen Neubauten. Sie fielen zwar anfangs noch recht primitiv aus, aber Erfahrung und Routine ließen die Modelle immer besser und ausgereifter werden. Die vorläufige Krönung meines Schaffens mit Pappe ist mein zweites Modell der »Dora« im Maßstab 1:87. Das erste Modell wies noch eine Reihe von falschen Einzelheiten auf. Auch war ich mit der Verarbeitung ganz allgemein unzufrieden.

Außerdem mußte ich wegen fehlender Unterlagen vor allem über Maße und Daten oft improvisieren. Jahrelanges Auswerten von »tröpfchenweise« ergatterten Text- und Bild-Dokumenten legten schließlich den Grundstein für ein detailgetreues »Dora«-Modell.

Die »Dora« aus Pappe und Papier von Heinz Eisermann.

Zum Aufbau des Geschützes: Länge 49 cm, Breite 8 cm, Höhe 13 cm. Bis auf die Achsen, Räder, Leitern und Schutzgitter besteht das Modell aus Pappe und Papier. Hauptsächlich wurde eine Stärke von 0,8 mm verwendet, an einigen Stellen erfolgte eine Verdoppelung, an anderen wurden auch Stärken von 2 und 3 mm verarbeitet. Rohr, Wiege und sämtliche Hydraulikzylinder bestehen aus 0,3-mm-Papier; die Nahtstellen sind mit Uhu hart »verschweißt«. Das Einrollen ergibt exakt runde Rohre, Zylinder usw. Die Mantellagen wurden auf das fertige Seelenrohr gewickelt. Diese Arbeiten wurden zuerst vorgenommen, ehe die der Lafette folgten.

Für die Höhenrichtung sind vorn an der großen Querverbindungsplatte zwei Hydraulikzylinder eingebaut. Das Rohr- beziehungsweise Mündungsübergewicht wird von zwei ebenfalls vorne befestigten Hydraulikzylindern, sogenannten Gewichtsausgleichern, kompensiert. Die Höhenrichtung funktioniert (auf jeden Teilstrich) einwandfrei. Der Ladetisch ist ausschwenkbar. Das hellglänzende Stück am hinteren Teil des Rohres entspricht der Länge des Rücklaufes. Es war beim Original blank gedreht und glitt auf einem Ölfilm in die Wiege. Die Granate verbleibt auf der Lademulde, wenn sie vom Transportwagen auf den Ladetisch bewegt wird. Die beiden Munitionsaufzüge sowie der Ansetzer sind beweglich.

Viel Zeit und Tüftelei benötigte die ungewöhnlich aufwendige Abstützung des Geschützes zum Entlasten der Achsen: 24 Hydraulikzylinder (je 12 links und rechts) fangen vertikal den gewaltigen Rückstoßdruck ab. Dazwischen befinden sich weitere Halterungen, die das Geschütz gegen seitliches Herausspringen aus den Gleisen sichern. Diese Gesamtvorrichtungen einschließlich Stützsträngen zwischen den Schienensträngen halten das Geschütz wie eine feste Plattform auf den Gleisen.

Außergewöhnlich viel Zeit und Geduld verlangten die Schutzgitter und Leitern. Sie entstanden aus 0,5-mm-Stahldraht unter Verwendung eines Spezialklebers. Letzterer deshalb, weil die winzigen Klebeflächen einer erheblichen Belastung ausgesetzt sind: Die Modell-»Dora« kann in 26 Einzelteile zerlegt und auf HO-Spur transportiert werden (Achsen und Räder des Geschützes aus Metall). Die 26 Teile auf Eisenbahnwagen verlastet, ergeben eine Zuglänge von rund 4,5 m – ohne Mannschaftswagen.

Für die Schießkurve ist HO-Schienen-Meterware verwandt worden, da ein normaler Kurvenradius nicht ausreichte. Zum Anstrich: Alle Laufstege sind dunkelbraun als Holz markiert. Silbergrau stellt blankes Metall dar. Der Haupt- beziehungsweise Tarnanstrich ist in Dunkelgrau und Grün (speziell gemischt) gehalten.

Kommerzielle Fertigung

Das 28-cm-Eisenbahngeschütz K 5 im US-Armeemuseum Aberdeen diente der Plastikmodellbau-Firma Hasegawa in den siebziger Jahren als Vorbild für ihre K 5 im Maßstab 1:72. Dieser wenig gängige Maßstab bedeutete für alle Modellbauer ein Ärgernis. Das Fachblatt »Modell-Fan«

Bausatz-Verpackung des 28-cm-Eisenbahngeschützes K 5.

lobte aber ansonsten den Bausatz und schrieb unter anderem: »Wer die Bauanleitung studiert, die hier zur handlichen und übersichtlichen Broschüre geriet, dem offenbart sich auf den ersten Blick, daß der Hersteller an keiner Stelle gespart hat. Man könnte getrost die Seitenteile aufschneiden und hätte trotzdem den Blick auf ein vollständiges Geschütz.

Freilich diente nicht allein der Torso als Vorbild, der in den USA steht. Dort fehlen so wesentliche Teile wie Munitionswagen, Kran und Geländer, die bei Hasegawa vorbildgetreu modelliert wurden. Keine Frage, daß sich das Rohr aufrichten läßt, daß sich dabei die Teile der Hydraulik bewegen, daß sich die Luken aufklappen lassen, daß der Kran beweglich bleibt und überhaupt alles getan wurde, damit der Dioramenbauer alle möglichen Situationen mit diesem Eisenbahngeschütz nachstellen kann. Zur Vollständigkeit fehlt nur die Drehscheibe« (Anm.: zum Bausatz gehört aber ein Stück Gleis im Maßstab 1:72).

Der bastelnde Verfasser: »Auf meinem Diorama wird das Geschütz auf dem Gleisstück von Figuren umgeben. Das Geschütz ist über alles panzergrau gestrichen, wobei ich – vor allem beim Geschützrohr – teilweise etwas Gewehrmetall-Farbe darunter gemischt habe. Dadurch erhält die Kanone einen etwas metallischen Glanz. Hinterher habe ich mit derselben Metallfarbe einige Kanten, die Puffer und Teile des filigranen Geländers vorsichtig überstrichen, um einige ›abgewetzte‹ Metallteile hervorzuheben. Die Trittbretter sind graubraun, und im übrigen habe ich die Laufroste hellbraun matt ›verschmutzt‹. Alles in allem hat Hasegawa mit diesem ausgezeichneten Bausatz für Dioramenbauer eine neue Dimension erschlossen.«

Die Firma Jann-Modell in Saarbrücken hat sich auf ausgefallene Artikel spezialisiert: alle gängigen Dampfloks in Deutschland, Eisenbahnwagen für Zirkus und Militär, Deutsches Rotes Kreuz, Technisches Hilfswerk, Feuerwehr und andere Sonderfahrzeuge. Es handelt sich um Handarbeits- und Kleinserienmodelle, so daß keine großen Stückzahlen zur Verfügung stehen und Kunden lange Lieferzeiten in Kauf nehmen müssen. Nach eigenen Angaben hat das Unternehmen das »weltweit größte Sortiment an militärischen oder speziellen Schienenfahrzeugen in allen Spurweiten entwickelt« (Messing, Feinguß, Neusilber, Kunststoff-Metall-Mischbauweise).

Als die Firma die »Dora« ins Programm aufnahm, geriet diese alsbald zum Superrenner. Die Kanone ist in vier Spurweiten sowohl als Bausatz wie auch als Fertigmodell zu haben. Anfang 1989 teilte die Firma ihren Schlange stehenden Kunden mit: »Auch die zweite Serie des Riesengeschützes Dora ist schon restlos ausverkauft.« Inzwischen ist der großen Nachfrage wegen eine dritte Serie aufgelegt worden.

Jann-Modell hat dabei auf Fotos und Zeichnungen zurückgegriffen, die der Autor dieses Buches der Firma zur Auswertung überlassen hat, um die Modell-»Dora« noch genauer und detailtreuer zu gestalten. Überdies will das Unternehmen zur Herstellung eines kompletten Dioramas auch Zubehör wie Lokomotiven, diverse Wagen für Personal und Munition, Kräne usw. ins Programm aufnehmen. Eisenbahngeschütze faszinieren auch oder gerade im verkleinerten Maßstab.

»Dora« aus Messing der Firma Jann-Modell.

Allgemeines Heeresamt
In 4 III a
504/36 geh.Kdos.

Berlin, den 15. Juni 1936

7

3

Geheime Kommandosache!

12 Ausfertigungen
7. Ausfertigung

An
den Chef des Generalstabs des Heeres
mit je 1 Neb.Abdr. für 2., 4., 5. u. 6.Abt. 1. - 5.

Nachrichtlich:

Fz	6.
A H A (Ia, Ib)	7. - 10
Allg E, H Haush, Chef	
In 4 (Ia, IIIa)	11. - 13

Allgemeines Heeresamt
Eing. 23.6.36 Nr 1478/36g.K

Vorschlag

für den Aufbau der schwersten Artillerie.
(K 3, K 5, K 12 u.ehemal. Marinegeschütze)

1.) Nach Fertigungsprogramm stehen voraussichtlich zur Verfügung:

	ehem.Marinegeschütze	moderne K-Geräte (in Fertigung)
1. 4.37	1 Battr. 24 cm S.K.L/40	
1. 10.37	1 Battr. 24 cm S.K.L/40, 1 Battr. 28 cm S.K.L/45, 2 Battr. 17 cm S.K.L/40	2 Battr. K 3
1. 4.38	1 Battr. 28 cm Kst.K.L./40, 1 Battr. 15 cm S.K.L./40	1 Battr. K 5, 1 Battr. K 12
1. 10.38	2 Battr. 28 cm S.K.L./40, 1 Battr. 15 cm S.K.L./40, 1 Battr. 24 cm K.L./35	1 Battr. K 5
1. 4.39	2 Battr. 28 cm S.K.L./40, 2 Battr. 24 cm K.L./35	
1. 10.39		1 Battr. K 5
1. 4.40		1 Battr. K 5
1. 10.40		ferner sind vorgesehen: a) schon bestellt 2 Batt. K 5 b) noch zu bestellen 2 " K 12 3 " M 1

(sofern im Original mehrseitig, hier nur Wiedergabe der jeweils ersten Seite).

10. APR 1942
62/42 g. Kdos. Ia
Sk. Qu., den 8.4.42

Höherer
Artillerie - Kommandeur 306
Ia Nr. 65/42 g.Kdos.

Bezug: F.S. O.K.H.-Gen.d.Art. Nr.490/42 g.Kdos. v.6.4.42

5 Ausfertigungen
4. Ausfertigung

Dem
O.K.H. - Gen.d.Artl. über A.O.K. 11

1.) Tarnung des schwersten Geräts durch feuernde Battrn. Es wird angeordnet werden, daß jeweils das Abfeuern des schwersten Geräts durch einen Feuerüberfall von etwa 4 - 5 Battrn. schweren und schwersten Kalibers getarnt wird. Die hierfür vorzusehenden Battrn. lassen sich im einzelnen erst bestimmen, wenn der gesamte Artillerieaufmarsch entsprechend dem Angriffsplan bearbeitet wird.

2.) Eine Scheinanlage wird in Gegend 4,6 km westnordwestl. der Schießkurve eingerichtet (südostw. 265,9), eine weitere, falls Zeit und Arbeitskräfte vorhanden, in Gegend etwa 5 km ostsüdostw.der Schießkurve (2 km südl. Kirche Bachtschisseraj). Für diese Scheinanlagen sind die neu entwickelten Rauch- und Blitzdarstellungsgeräte beim O.K.H. angefordert.

3.) Es erscheint sehr fraglich, ob ein Abschuß des schwersten Geräts überhaupt mit derzeitigen Knalldarstellungsgeräten getarnt werden kann. Es erscheint weiter fraglich, ob eine Tarnung durch Knalldarstellung erforderlich ist, da nach allen bisher hier vorliegenden Erfahrungen der Russe über Schallmeßformationen nicht verfügen dürfte. Schließlich bleibt zu bedenken, ob auf diese Entfernung überhaupt für den Gegner die Möglichkeit von Schallaufklärung bestehen würde, da die Feuerstellung des schwersten Geräts mindestens 20 km von den etwa vorhandenen feindl. Schallmeßstellen entfernt liegt. Falls Schalltarnung trotzdem für erforderlich erachtet werden sollte, müßte von zuständiger Stelle noch zunächst überprüft werden, mit welcher Menge Sprengstoff sich eine Tarnung überhaupt erreichen läßt; der erforderliche Sprengstoff müßte zur Verfügung gestellt werden.

4.) Eine Vernebelung der Scheinanlagen bzw. Anlagen in großem Umfange ist vorgesehen, dsgl. sind Vernebelungsversuche in der Hauptfeuerstellung eingeleitet. Maßnahmen im einzelnen sind mit Gen.d.Nebeltruppen an Ort und Stelle besprochen, der entsprechend berichten wird.

5.) Eine besondere Flachfeuergruppe für Artl.-Bekämpfung in Zusammenarbeit mit einer B.-Abt. wird gebildet werden zwecks Niederhaltung von feindl. Artl., die schwerstes Gerät etwa bekämpfen sollte. Steilfeuer wird zunächst nicht in Frage kommen, da in Gegend der Schießkurve bisher nur weittragende Küstenartl. (Stellungen nordwestl. Utschkujewa am Nordwestende der Ssewernaja-Bucht) geschossen hat, die mit Steilfeuer aber nicht oder nur auf äußersten Schußweiten gefaßt werden kann.

6.) Um die Tarnung des Abschusses durch die Scheinbattrn. zu erreichen, ist eine Erweiterung des Nachrichtennetzes erforderlich, die mit den zur Verfügung stehenden Mitteln sich nicht erreichen läßt. Das erforderliche Gerät (3 Kfz.15 mit 20 km FF-Kabel) müßte mindestens zur Verfügung gestellt werden. Nach Angabe von Oberstltn. Böhm sollen in Rügenwalde derartige Fahrzeuge aus der alten K.St.N. Dora noch stehen.

Nachrichtlich:
Dora (8/2)
Arko 138
LIV.A.K.

Zuckertort

F e r n s p r u c h :

An

Gen.Kdo.LIV.A.K./Ia

Ü b e r s i c h t

über die beim Angriff auf Sewastopol in der Zeit vom 2.6. – 1.7.42

verschossene Munition.

a) Art.-Mun.:

Mun.Art	Schuß	Tonnen	KE
le.F.H.	391.000	9.310	621
s. F.H.	89.700	5.400	360
10 cm K.	2o.000	667	45
15 cm K.	4.670	482	32
15 cm K (f)	5.500	600	40
M 37/t	24.100	1.400	93
17 cm K.	371	50	3
19,4 cm K. (f)	2.000	500	33
21 cm Mrs.	13.500	2.300	153
24 cm Hb.	2.130	530	35
28 cm Hb.	2.300	920	61
28 cm K.Hb.	750	300	20
lg. Bruno	897	475	32
30,5 cm Mrs.	4.920	1.640	110
35,5 cm Mrs.	411	400	27
42 cm Hb./t	192	230	15
42 cm Gamma	188	225	15
Karl-Gerät	197	492	33
Dora-Gerät	48	360	24
	562.944	26.281	1.752 = 58,4 Munz.

– 2 –

Geheime Kommandosache

General der Artillerie
beim Ob.d.H. (Ia)

H.Qu., den 20.6.1942.

120 62

Nr. 107 /42 g.K.Chef-S.

Chef-Sache!
Nur durch Offizier!

Betr.: Einsatz der K-12 gegen Malta.

2 Ausfertigungen
1. Ausfertigung

145

An

Op. - Abt.	1. Ausfertigung
Entwurf	2. Ausfertigung

Nach Mitteilung des Chef Transportwesens ist die Zuführung der K-12 Batterie eisenbahntechnich bis Sirakus möglich. Für den weiter südlich auf Strecke Sirakus - Noto Pachino oder auf Strecke Sirakus - Noto Pozalo erforderlichen Einsatz ist Verstärkung von 2 Brücken erforderlich. (Arbeitszeit etwa 15 - 20 Tage).

General der Artillerie hält trotz der hierfür gegebenen eisenbahntechnischen Voraussetzungen den Einsatz nicht für lohnend, da

a). die große Streuung lediglich Abgabe von Störungsfeuer auf die gesamte Fläche der Insel gestattet

b) die geringe ~~Einzel~~Wirkung des Einzelschusses (8,1 kg Sprengstoff) auf die kampfgewohnte und durch Fliegerangriffe mit schwersten Kaliber abgestumpfte Besatzung kaum eine moralische Wirkung ausüben wird.

Hinzu kommt, daß nach Abgabe der vorgesehenen 160 Schuß die beiden Rohre ausgeschossen sind. Infolgedessen ist in diesem Falle der Einsatz gegen die Südostküste Englands nicht mehr möglich.

General der Artillerie schlägt aus den angeführten Gründen vor, von einem Einsatz der K-12 gegen Malta abzusehen.

Dem Herrn Chef des Gen.-Stabes ist in diesem Sinne am 20.6. Vortrag gehalten.

J. A.

[Unterschrift]

GenStdH. Op.Abt. III
21. 6. 1942
Nr. 420459/42 Chefsache

Geheime Kommandosache

64 147

Oberkommando des Heeres
Gen St d H Op Abt (III)

H.Qu. OKH, den 2. Juli 1942.

Nr.420456/42 g.Kdos. (Chefs.)

Chef-Sache! Nur durch Offizier!

0 Ausfertigungen
/. Ausfertigung.

Betrifft: Zuführung des Dora-Geräts zu H.Gr.Nord.

1.) Der Führer hat den Einsatz des Dora-Geräts bei H.Gr.Nord befohlen.

2.) Verteilung der Aufgaben:

a)	Umgehende Zuführung eines Erkundungs- und Vorkommandos zu H.Gr. Nord;	durch Gen d Art bObdH
b)	Abtransport des Geräts in das Heimatkriegsgebiet und spätere Zuführung zu H.Gr.Nord;	durch Op Abt (III) im Einvernehmen mit Feldtrsp Abt
c)	Abbau der Anlagen bei AOK 11 und Aufbau bei H.Gr.Nord einschließlich Zuführung von Baukräften und Baumaterial; (Fernmündlich voraus an Reg.Baurat E g l a u)	durch Plan Abt im Einvernehmen mit Feldtrsp Abt
d)	Vernebelung bei Aufbau und Einsatz des Geräts;	durch Gen d Nb Tr bObdH
e)	Regelung des Jagd- und Flakschutzes	durch Op Abt (III) im Einvernehmen mit Ob d L
f)	Zuführung von Munition	durch Gen Qu

3.)

A.K. Abt. Bindt, den 10.2.1943

Krupp - Film "Schw.Gustav"

Aufbau der artilleristischen Teile
Szenenfolge

	Aufnahme vorhanden	Aufnahme muß wiederholt werden	Aufnahme kann fortfal[len]
Aufbau der Wiege			
Enttarnen der Wiege	nein		
Abnehmen der Schutzbleche	"		
Reinigen der Löcher für Schildzapfenbolzen und -Schrauben	ja	nein	
Lösen des Wiegenträgers	nein		
Enttarnen des Wagen- und Stangenwagens	"		
Entzurren und Auseinanderkurbeln der Stegwände	"		
Hydraulisches Einrichten des WS-Wagens	"		
Anheben der Wiege mit dem Wiegenträger	ja	nein	
Großaufnahme	"	"	
Enttarnen der Schildzapfen	nein		
Entzurren der Schildzapfen und Abnehmen der Schraubenschutzkappen	"		
Anhängen der Montagebühne	"		
Ein Schildzapfen wird abgehoben	ja	nein	
Schildzapfen im Kran Großaufnahme	"	"	
Schildzapfen wird angebaut	"	ja	
Schildzapfen liegt an der Wiege an	"	"	
Festziehen der Schildzapfen	"	"	
Festziehen der Schildzapfen, Großaufnahme	"	"	
Ankurbeln der Stegwände	nein		
Anziehen der Stegwände	"		
Abhängen der Montagebühne	"		
Aufbau der Schießgerüste			
Heranschaffen und Anbringen der Montagebühne	ja	ja	
Schießgerüst enttarnen und entzurren	nein		
Schießgerüste auf den Transportfahrzeugen	ja	nein	
Schießgerüste im Kran	ja	"	
Rechtes Schießgerüst kommt mit dem Kran an und wird auf die Platte des Hauptträgers aufgesetzt	"	"	
Großaufnahmen der Flächen, die voreinander liegen müssen	nein		
Das linke Schießgerüst wird vom Wagen abgehoben, kommt mit dem Kran heran und wird auf den linken Hauptträger aufgesetzt	ja	nein	
Einsetzen und Anziehen der Keile für den Horizontalschub, Großaufnahme	nein		

wenden

Wa Prüf 11   Berlin, den 11. 8. 43

Az.: 72p11/71 HAP / AJ

Bb.Nr. /43 g.Kdos.

5 Ausfertigungen
1. Ausf. = Wa Prüf
2. Ausf. = Wa Prüf 1
3. Ausf. = Wa Prüf 4
4. Ausf. = Wa Prüf 11
5. Ausf. = HAP/AJ (Entwurf)

An
Wa Prüf

Betr.: Vorschlag zum Einsatz der Geräte Dora oder Gustav, K 12, K 5, K 3 gegen England.
Anlg.: 1

Nachfolgend wird ein Vorschlag des Obering. Gessner, Aerodynamisches Institut des Heimat-Artl.-Park 11, mit der Bitte um evtl. weitere Veranlassung vorgelegt.

Es wird vorgeschlagen, von der Kanalküste aus den südöstlichen Teil Englands durch die Geschütze Dora, Gustav, K 12, K 5 und K 3 mit Treibring-, Treibflossen- und Bündelgeschossen zu erfassen.

Der Einsatz soll gegen Objekte mit größerer Ausdehnung, wie Industrie-, Hafen- und Verkehrszentren erfolgen. Der derzeitige Entwicklungsstand verspricht unter Verwendung der genannten Geräte den Beschuß eines breiten Gebietsstreifens. Die aus einem Geschütz zu verschießenden Geschosse haben verschiedene Gewichte, damit entsprechend verschiedene Schußweiten, sodass sich ein in mehrere Zonen aufgeteilter Gebietsstreifen von ungefähr 200 km Tiefe erfassen läßt. (S. beiliegende Skizze). Die K 5 erscheint für den Einsatz als das geeignetste Gerät. Die K 3 könnte zur Verdichtung der Wirkung in Zone I eingesetzt werden. Dora, Gustav und K 12 können zur Erfassung besonders wichtiger Ziele eingesetzt werden.

Mit den verschiedenen Geschützen und Geschoßarten können die verschiedenen Zonen wie folgt erfasst werden:

mit Gerät	Zone I bis 90 km	Zone II 90 - 125 km	Zone III 125 - 160 km	Zone IV 160 - 200 km
1. Dora	Granatbündel 3 Stck. 42 cm	Granatbündel 8 Stck. 28 cm	Granatbündel 16 Stck. 21 cm 30 Stck. 15 cm 60 Stck. 10,5"	Granatbündel 25 Stck. 15 cm
2. Gustav	Einzelgeschoß 52 cm	Einzelgeschoß 52 cm	Einzelgeschoß 42 cm	Einzelgeschoß 38 cm
3. K 12	---	---	Einzelgeschoß 21 cm	Einzelgeschoß 21 cm
4. K 5	Einzelgeschoß 28 cm	Einzelgeschoß 24 cm	Einz.G. 21 cm Granatbündel 3 Stck. 15 cm 7 Stck. 10,5 cm	Einzelgeschoß 19 cm
5. K 3	Einzelgeschoß 24 cm bzw. 15 cm	Einzelgeschoß 15 cm	---	---

Geheime Kommandosache

614

General der Artillerie
b. Chef Gen.St.d.Heeres (Ib)
Nr.: 1356/44 g.Kdos.

H.Qu., den 23. Mai 1944.

60

KTB

3 Ausfertigungen
4. Ausfertigung.

Notiz

- Vortrag Chef Gen.St. d. Heeres -

1. Ausfertigung am 26. 5. ... übergeben mit Vorgang.

Betr.: lg s Gustav / Einsatz gegen England.

1.) Anfang März Besprechung Hdl. Saur /Prof. Müller (Krupp) über Entwicklung eines Pfeilgeschosses mit 140 km Schußweite.

Sprengladung	180 kg
Fluggewicht	2000 kg
Ladegewicht	2730 kg.

Entwicklung hat Aussicht auf Erfolg.

2.) Vortrag Hdl. Saur und Prof. Müller beim Führer: Entscheidung, 2 vorhandene s. Gustav zum Einsatz gegen England umzubauen.

3.) Für Umbau der Geräte erforderlich für Bau der Tunnel und

Für Umbau der Geräte erforderlich	1 800 to Stahl
für Bau der Tunnel	25 000 qm Beton
und	100 000 qm Erdbewegung

4.) Anfang März Fa. Krupp und OT. beginnen Umbau der Geräte. Erkundung der Feuerstellungen, Ausbau der Feuerstellungen. Bauarbeiten sind bereits eingeleitet.
Die Geräte werden voraussichtlich März 1945 einsatzfähig sein.

5.) Am 3.5. Besprechung in der O.T.-Zentrale /Abt. Festungsbau über Einzeleinrichtungen des Bauvorhabens, Stromversorgung, Mannschaftsbedarf usw.

6.) Anfang Mai wurde Gen.d.Art. erstmalig über "Bauvorhaben 100" orientiert.

7.) Mit Gen.d.Art. (Ib) Nr. 1405/44 g.Kdos. v. 17.5.44 mit Bezug auf Führerbefehl betr. Rüstungskonzentration vorgeschlagen, die Bauarbeiten zurückzustellen, weil die erforderliche Mun.-Entwicklung noch keinerlei brauchbaren Anhalt gibt und das zu erwartende Ergebnis nur gering ist.

P 23/5.

General der Artillerie Geheim! H.Qu., den 3. Novbr. 1944.
beim Chef Gen St d H (Ib)

113

Nr.: 9214/44 geh.

Betr.: E-Art.-Vorschlag.

An

Op.-Abt.

Org.-Abt.
Gen.-Qu. (Plan)
Gen.-Qu. (Mun.)
Ag.Art.

nachrichtl.: O.K.W.
(1 Exempl. wurde dem Herrn Chef des Gen.St. als Unterlage für Führervortrag übergeben.)
2 x KTB

1.) Gen.d.Art. schlägt vor, zur Erfüllung der Führerforderung auf stärkste Artillerie-Schwerpunktbildung folgende Teile der Eisenbahn-Artillerie dem Ob.West zuzuführen: Einsatzerkundungen sind bereits durchgeführt.

a) Battr. 712 (2 K 5 V)
bereitgestellt am Gardasee,

b) Battr. 695 mit 2 K 5 V
nach Abgabe 1 Gesch. kz.Bruno an E.-Battr. 8./100,
z.Zt. eingesetzt H.Gr. Mitte,

c) Battr. 686 mit 2 Siegfr.,
z.Zt. eingesetzt bei H.Gr. Mitte.
2. Gerät aus Neufertigung im November verfügbar.

2.) Zum Ausgleich zu H.Gr. Mitte
E.-Battr. 7./100 mit 2- 27,4 cm Kan.,
z.Zt. eingesetzt bei H.Gr. A.

3.) Erforderlich hierzu ist beschleunigte Fertigstellung bis Mitte November

a) von 3 K 5 Vielzugrohren
(davon 1 für Battr. 688).

b) 1 Siegfr. -Gerät,

und ausserdem für die bereits eingesetzte Battr. 721

c) 1 lange Bruno.

J.A.

F.d.R.:
i.V. gez. Scheffler,
Gen.Maj.u.Chef d.Stabes.

Oberstlt.u.Gru-Ltr.

Quellen- und Literaturverzeichnis

Bundesarchiv/Militärarchiv Freiburg;
Erinnerungsbeiträge ehemaliger Angehörige von E-Batterien und der Schw. Art. Abt. (E) 672;
Historisches Archiv Fried. Krupp GmbH, Essen;
G. V. Bull/C. H. Murphy: »Paris Kanonen – the Paris Guns (Wilhelmgeschütze) and Project HARP«. Herford und Bonn (1989);
Fritz Hahn: »Waffen und Geheimwaffen des deutschen Heeres 1933–1945« (Band 1 und 2). Koblenz (1986/87);
Gerhard Taube: »Eisenbahngeschütz Dora – Das größte Geschütz aller Zeiten«. Stuttgart (1979);
Gerhard Taube: »Die schwersten Steilfeuergeschütze 1914–1945 – Geheimwaffen ›Dicke Berta‹ und ›Karl‹«. Stuttgart (1981);
Gerhard Taube: »500 Jahre deutsche Riesengeschütze«. Aufsatzfolge in »Wehrausbildung«. Herford (1984/85).

Bildnachweis (Fotos, Karten, Zeichnungen und Skizzen):

Bundesarchiv Koblenz;
E. C. P. Armées, Paris;
Clemens Engel, Wilhelmshaven;
Heinz Eisermann, Ulm;
Historisches Archiv Fried. Krupp GmbH, Essen;
Imperial War Museum, London;
Jann-Modell, Saarbrücken;
Karl R. Pawlas, Ebern;
Preußischer Kulturbesitz, Berlin;
Privat;
Ralf Roman Rossberg, München;
Gerhard Taube, Köln;
WZ-Bilddienst, Wilhelmshaven.

Faksimiles:
Bundesarchiv/Militärarchiv Freiburg;
Historisches Archiv Fried. Krupp GmbH, Essen.